essentials

essentials liefern aktuelles Wissen in konzentrierter Form. Die Essenz dessen, worauf es als „State-of-the-Art" in der gegenwärtigen Fachdiskussion oder in der Praxis ankommt. *essentials* informieren schnell, unkompliziert und verständlich

- als Einführung in ein aktuelles Thema aus Ihrem Fachgebiet
- als Einstieg in ein für Sie noch unbekanntes Themenfeld
- als Einblick, um zum Thema mitreden zu können

Die Bücher in elektronischer und gedruckter Form bringen das Expertenwissen von Springer-Fachautoren kompakt zur Darstellung. Sie sind besonders für die Nutzung als eBook auf Tablet-PCs, eBook-Readern und Smartphones geeignet. *essentials:* Wissensbausteine aus den Wirtschafts-, Sozial- und Geisteswissenschaften, aus Technik und Naturwissenschaften sowie aus Medizin, Psychologie und Gesundheitsberufen. Von renommierten Autoren aller Springer-Verlagsmarken.

Weitere Bände in dieser Reihe http://www.springer.com/series/13088

Kevin Maik Jablonka

Grundlagen der Thermodynamik für Studierende der Chemie

Die wichtigsten Themen der physikalischen Chemie

Springer Spektrum

Kevin Maik Jablonka
Technische Universität München
München, Deutschland

ISSN 2197-6708   ISSN 2197-6716   (electronic)
essentials
ISBN 978-3-658-17020-2   ISBN 978-3-658-17021-9   (eBook)
DOI 10.1007/978-3-658-17021-9

Die Deutsche Nationalbibliothek verzeichnet diese Publikation in der Deutschen Nationalbiblio-
grafie; detaillierte bibliografische Daten sind im Internet über http://dnb.d-nb.de abrufbar.

Springer Spektrum
© Springer Fachmedien Wiesbaden GmbH 2017

Gedruckt auf säurefreiem und chlorfrei gebleichtem Papier

Springer Spektrum ist Teil von Springer Nature
Die eingetragene Gesellschaft ist Springer Fachmedien Wiesbaden GmbH
Die Anschrift der Gesellschaft ist: Abraham-Lincoln-Str. 46, 65189 Wiesbaden, Germany

Was Sie in diesem *essential* finden können

- Die thermodynamische Beschreibung von Prozessen aufbauend auf den Hauptsätzen der Thermodynamik.
- Die Bedeutung wichtiger Zustandsfunktionen wie der Inneren Energie U und besonders der Entropie S und die experimentelle Bestimmung dieser Größen.
- Das Konzept des Idealen und des Realen Gases und die Berechnung der Änderung von Zustandsgrößen im Rahmen dieser Konzepte.
- Die Bedeutung des CARNOT-Prozesses für den Wirkungsgrad von Wärmekraftmaschinen und die Antwort auf die Frage warum der Kühlschrank Strom benötigt.
- Die physikalische Grundlage der Luftverflüssigung.

Inhaltsverzeichnis

Einleitung 1

Das vorliegende *essential* richtet sich vorwiegend an Studierende der Chemie mit Grundkenntnissen in der Differenzial- und Integralrechnung, die im Stile eines Tutoriums einen Überblick über die wichtigsten Themen der Thermodynamik im Bachelorstudium erhalten möchten.

Der Überblick kann aufgrund der Kürze des *essentials* nicht vollständig sein: Die Reaktionskinetik wird hier nicht behandelt – auch das chemische Gleichgewicht sowie Mehrkomponentensysteme werden nicht angesprochen. Die kinetische Gastheorie wird ebenso wie die statistische Thermodynamik vollständig ausgeklammert. Das *essential* will vielmehr die Grundlagen für eine weitere Vertiefung in die physikalische Chemie schaffen und enthält deshalb auch an einigen Stellen Exkurse in Themen des aktuelleren wissenschaftlichen Diskurses.

Dies ist üblicherweise ein Großteil des Stoffes, der in einer Veranstaltung wie „Einführung in die physikalische Chemie" präsentiert wird. Für einen vertieften Einstieg in die Materie gibt es eine Reihe empfehlenswerter Lehrbücher:

- McQuarrie, D. A. & Simon, J. D. *Physical Chemistry: A Molecular Approach.* (University Science Books, 1997).
- Atkins, P. & de Paula, J. *Pysical Chemistry.* (Oxford, 2014). (Die Originalversion ist deutlich lesenswerter als die deutsche Übersetzung).
- Wedler, G. & Freud, H.-J. *Lehrbuch der Physikalischen Chemie.* (Wiley-VCH, 2012).
- Keeler, J. *Why do chemical reactions happen?* (Oxford University Press, 2003).
- Atkins, P. W. *The Laws of Thermodynamics: A Very Short Introduction.* (Oxford University Press, 2010).
- Müller, I. & Müller, W. H. *Fundamental of Thermodynamics and Applications.* (Springer, 2009).
- Kittel, C. & Krömer, H. *Thermodynamik.* (Oldenburg Verlag, 2000).

© Springer Fachmedien Wiesbaden GmbH 2017
K.M. Jablonka, *Grundlagen der Thermodynamik für Studierende der Chemie,* essentials, DOI 10.1007/978-3-658-17021-9_1

Die vier Hauptsätze der phänomenologischen Thermodynamik

2

Für unseren Streifzug durch die Thermodynamik möchten wir bei den Grundpfeilern – den Hauptsätzen – beginnen und anschließend einige wichtige Konzepte vertieft betrachten.

2.1 Freiheitsgrade

Energie kann auf verschiedene *Freiheitsgrade* (FG) verteilt werden. Freiheitsgrade geben die Anzahl der unabhängigen Variablen an – im Sinne der klassischen Mechanik entspricht das beispielsweise der Anzahl der Bewegungsmöglichkeiten eines Körpers.

Ein Massenpunkt kann eine Translationsbewegung in alle drei Raumrichtungen durchführen und hat damit drei Translationsfreiheitsgrade. Ein starrer Körper wie beispielsweise eine Hantel hat zusätzlich im Vergleich zu einem Massenpunkt noch die Möglichkeit zu rotieren und hat dadurch noch zwei Rotationsfreitsgrade. Die Rotationsachsen bei der Hantel stehen hierbei jeweils senkrecht zur Hantelachse. Bei einer Rotation um die Hantelachse selber ändert sich die Position der Massenpunkte nicht, weswegen diese Rotationsmöglichkeit nicht bei den Freiheitsgraden berücksichtigt wird (vergleiche hierzu auch Abb. 2.1). Lineare Anordnungen von Massepunkten haben nur zwei Rotationsfreiheitsgrade, nicht-lineare Anordnungen haben drei Rotationsfreiheitsgrade, da sich hier bei einer Drehung um jede Achse die Position der Massenpunkte ändert (siehe Abb. 2.1).

Bei Molekülen gibt es zusätzlich noch die Möglichkeit Energie in Schwingungsfreiheitsgrade zu übertragen.

Insgesamt ergeben sich für N Atome $3N$ Freiheitsgrade (jedes Atom wird durch drei Koordinaten charakterisiert). Jeder Körper hat immer drei Translationsfreiheitsgrade.

© Springer Fachmedien Wiesbaden GmbH 2017
K.M. Jablonka, *Grundlagen der Thermodynamik für Studierende der Chemie*, essentials, DOI 10.1007/978-3-658-17021-9_2

Abb. 2.1 a
Rotationsmöglichkeiten für
eine lineare Anordnung
sowie in **b** für eine
gewinkelte Anordnung von
Massenpunkten (grau)

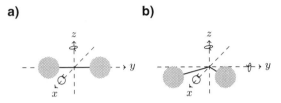

Die Anzahl der Schwingungsfreiheitsgrade ergibt sich dann aus der Differenz der Gesamtzahl an Freiheitsgraden und der Summe aus Rotations- und Schwingungsfreiheitsgraden (Demtroder 2016):

Gesamtzahl an Freiheitsgraden: $FG_{\text{Ges}} = 3N$

Translationsfreiheitsgrade: $FG_{\text{Trans}} = 3$

Rotationsfreiheitsgrade

lineares Molekül: $FG_{\text{Rot,lin.}} = 2$

nicht-lin. Molekül: $FG_{\text{Rot,nicht lin.}} = 3$

Schwingungsfreiheitsgrade: $FG_{\text{Vib}} = 3N - FG_{\text{Trans}} - FG_{\text{Rot}}$

Im thermischen Gleichgewicht besitzt jeder Freiheitsgrad die gleiche mittlere kinetische Energie. Dies wird durch das *Äquipartitionstheorem* (auch Gleichverteilungssatz genannt) beschrieben (Boltzmann 1871, 1876). Dieses Theorem gilt nur für angeregte Freiheitsgrade. Schwingungsfreiheitsgrade (besonders von kleinen Molekülen) sind bei Raumtemperatur meist nicht angeregt und werden damit nicht „mit Energie besetzt" (Schwabl 2006). Dies ist in der theoretischen Physik als die sogenannte *Ergodenhypothese* bekannt: Im Laufe der Zeit werden demnach alle erreichbaren Zustände erreicht. Der Ensemblemittelwert – der Mittelwert der Messgröße aller Teilchen eines Systems zu einer zufälligen Zeit – ist damit gleich dem Zeitmittelwert der Messgröße bei einem einzigem Teilchen. Dies ist der Grund, warum wir die Bewegungsgleichungen nicht explizit lösen müssen (Fliessbach 2010).

2.2 Systeme

In der Thermodynamik besteht ein System meist aus einer Anzahl von Teilchen in der Größenordnung 10^{23} womit es unrealistisch ist, jedes einzelne Teilchen oder gar jeden Freiheitsgrad einzeln zu charakterisieren (für eine vollständige Charakterisierung müsste man von jedem Teilchen Ort und Geschwindigkeit angeben). In der Thermodynamik wird durch Angabe der Zustandsgrößen Druck p,

Volumen V, Stoffmenge n sowie Temperatur T ein System vollständig und eindeutig charakterisiert.

Man unterscheidet hierbei zwischen *intensiven* und *extensiven* Größen. Intensive Größen wie die Temperatur sind von der Masse des des Systems unabhängig. Andere Größen, wie beispielsweise das Volumen sind allerdings von der Masse abhängig. Diese Größen werden dann extensiv genannt.

Nach IUPAC werden spezifische Größen (also Größen die durch die Masse geteilt wurden) mit einem Kleinbuchstaben angegeben, molare Größen werden üblicherweise mit dem Index „m" gekennzeichnet (Cohenet al. 2008). c_p gibt also die spezifische Wärmekapazität (Einheit $J\,K^{-1}\,Kg^{-1}$) an, $C_{p,m}$ die molare isobare Wärmekapazität (Einheit $J\,K^{-1}\,mol^{-1}$). Dieser Konvention folgen wir in diesem *essential*. Beachten Sie allerdings, dass andere Autoren dies gegebenenfalls anders handhaben.

Thermodynamische Systeme können je nach Möglichkeit des Stoff- und Energieaustausches mit der Umgebung in drei Kategorien eingeteilt werden:

Bei einem *isoliertem System* ist weder Stoff- noch Energieaustausch möglich, bei einem *geschlossenem System* ist Energieaustausch, aber kein Stoffaustausch möglich. In einem *offenem System* kann sowohl Stoff- als auch Energieaustausch stattfinden.

Der Teil des Universums, der nicht zum System gehört, wird *Umgebung* genannt. Betrachtet man also eine Reaktion in einem geschlossenem Reagenzglas im Wasserbad, wird die der Bereich innerhalb der Grenzen des Reagenzglases als System bezeichnet und das Wasserbad oft idealisiert als Umgebung angenommen.

2.3   Nullter Hauptsatz

Zuvor wurde schon erwähnt, dass Temperatur eine Zustandsgröße ist, die ein thermodynamisches System charakterisiert. Der *nullte Hauptsatz* der Thermodynamik wird auch „Satz von der Existenz der Temperatur" genannt, da er die Existenz der Zustandsgröße Temperatur beschreibt (Redlich 1970).

Hierbei wird eine alltägliche Erfahrung genutzt: ein warmer Körper tauscht so lange Wärmeenergie mit dem kalten Körper aus, bis diese die gleiche Temperatur haben. Dieser Zustand wird dann *thermisches Gleichgewicht* genannt (Carathéodory 1909; Fowler und Guggenheim 1939).

Merke 1 (Nullter Hauptsatz) *Alle Körper, die mit einem System im thermischen Gleichgewicht stehen, sind auch untereinander im thermischen Gleichgewicht. Sie besitzen eine gemeinsame Eigenschaft die Temperatur genannt wird. Körper im thermischen Gleichgewicht besitzen damit die gleiche Temperatur.*

2.4   Erster Hauptsatz

Für die Energie, die im Gleichverteilungssatz angesprochen worden ist, gibt es in der Thermodynamik eine Zustandsgröße, die als „Energiekonto" fungiert. Sie wird *Innere Energie U* genannt. Die Innere Energie ist hierbei die Summe aus der gesamten Energie die in Translation, Rotation, Schwingung sowie der chemischer Bindung und der intermolekularen Wechselwirkung steckt. Als „Energiekonto" macht die Innere Energie Aussagen zur Gesamtmenge an Energie – aber nicht zur Energieform.

Nach dem Energieerhaltungssatz kann Energie weder erzeugt noch vernichtet werden. Energie kann nur ihre Form ändern. Der *erste Hauptsatz* der Thermodynamik beschreibt genau dies (Mayer 1842).

Merke 2 (Erster Hauptsatz) *Der Gesamtbetrag an Energie bleibt konstant, die Änderung der Inneren Energie ergibt sich als die Summe der Energie, die in Form von Wärme oder Arbeit mit der Umgebung ausgetauscht wurde.*

$$dU = \delta Q + \delta W \qquad (2.1)$$

wobei δQ die Energie, die in Form von Wärme übertragen wird ist, und δW die Energie, die in Form von Arbeit übertragen wird. Die Energie in einem geschlossenem System bleibt damit konstant. Die Änderung der Inneren Energie entspricht damit der Summe der Energie, die in Form von Wärme oder Arbeit mit der Umgebung ausgetauscht wurde

Arbeit W und Wärme Q sind keine Erhaltungsgrößen sondern Wegfunktionen, weswegen hier ein unvollständiges Differenzial δ verwendet werden muss (bei Transportgrößen spielt im Gegensatz zu Zustandsgrößen der Integrationsweg eine Rolle). Sobald die Energie über die Transportgrößen Q und W im Körper angekommen ist, verliert sie ihre „Identität" und wird gemäß dem Gleichverteilungssatz gleichmäßig auf alle verfügbaren Freiheitsgrade verteilt.

Der erste Hauptsatz erlaubt es, Aussagen darüber zu machen, ob bestimmte Reaktionen oder Zustandsänderungen aus energetischer Sicht erlaubt sind – er ermöglicht allerdings keine Aussage darüber, ob diese Reaktionen tatsächlich spontan stattfinden. Die Richtung von Reaktionen kann erst mit dem zweiten Hauptsatz der Thermodynamik beschrieben werden.

2.5   Zweiter Haupsatz

Bei der sogenannten JOULEschen Wirbelmaschine handelt es sich um eine Maschine, bei der Rührarbeit in Wärme umgewandelt wird. Hierbei wird durch die Rührarbeit die Energie in den Freiheitsgraden erhöht und dadurch auch die Temperatur des Wassers (Joule 1854). Die Tatsache, dass sich die Temperatur beim kräftigen Umrühren erhöht, scheint aus der alltäglichen Erfahrung plausibel – doch wie wahrscheinlich ist der umgekehrte Prozess? Die Umwandlung von Wärme aus einem heißem Reservoir in Arbeit? Ist es möglich, dass warmes Wasser einen Rührer in Bewegung versetzt?

Auch hier können wir aus der alltäglichen Erfahrung sagen, dass dieser Prozess recht unwahrscheinlich ist. Hierfür müssten sich alle Teilchen gleichzeitig in die selbe Richtung bewegen. Dies ist ein sehr unwahrscheinlicher Mikrozustand des Systems.

Mikrozustand ist ein Begriff aus der statistischen Physik, der eine vollständige mikroskopische Beschreibung eines Systemes meint. Für ein Ideales Gas bedeutet dies, dass Impuls und Ort festgelegt sind. In einem *Makrozustand* – der durch gemittelte Größen beschrieben wird – gibt es verschiedene Mikrozustände mit verschiedener Energie (Kalvius 1999).

Ebenso unwahrscheinlich scheint es uns, dass eine Wärmemenge spontan aus einem kalten Reservoir in ein warmes Reservoir fließt.

Dieser Gedankengang führte CLAUSIUS zur Formulierung seiner Version des *zweiten Hauptsatzes* der Thermodynamik. Wir werden diesen bei der Betrachtung des CARNOT-Prozesses vertiefen.

Merke 3   (Zweiter Hauptsatz nach Clausius) *Es fließt niemals eine Wärmemenge ohne Arbeitsaufwand von einem Reservoir tieferer Temperatur zu einem höherer Temperatur (Clausius 1863).*

Der Prozess der vollständigen Umwandlung von Wärme in Arbeit wird durch den ersten Hauptsatz nicht verboten. Erst der zweite Hauptsatz verbietet diesen Prozess – basierend auf der Erfahrung, dass er beliebig unwahrscheinlich ist. Der zweite Hauptsatz verbietet damit ein sogenanntes Perpetuum mobile zweiter Art, d. h. eine periodisch arbeitende Maschine, die Wärme ohne Temperaturgradienten in Arbeit umwandelt (ein Perpetuum mobile erster Art verstößt gegen den ersten Hauptsatz). Ein Perpetuum mobile zweiter Art wäre damit beispielsweise der angesprochene Rührer der durch die Wärme des Wassers in Gang gesetzt wird.

Eine alltägliche Anwendung des zweiten Hauptsatzes ist der Kühlschrank: hierbei wird Energie in Form von Wärme von einem kalten Reservoir in die wärmere Umgebung transportiert. Aufgrund des zweiten Hauptsatzes ist hierfür Arbeit nötig. Das ist der Grund, warum der Kühlschrank elektrischen Strom benötigt (Dincer und Cengel 2001).

Häufig findet man für den zweiten Hauptsatz auch den Ausdruck „Die Entropie des Universums strebt einem Maximum zu". Die Entropie S ist eine Größe, die Aussagen über die Wahrscheinlichkeit von bestimmten Prozessen macht. Häufig wird Entropie auch als Größe, die die „Unordnung" eines Systemes beschreibt, eingeführt. In Kap. 4 werden wir uns ausführlicher mit der Entropie beschäftigen und sehen, dass dies eine Analogie ist, die sehr irreführend sein kann. Vielmehr sollten wir uns die Entropie als Größe vorstellen, die die Anzahl möglicher Mikrozustände für einem Makrozustand angibt. Es ist wichtig zu erkennen, dass die Entropie eine zentrale Rolle in der Thermodynamik und im Leben einnimmt, da sie die Richtung von Prozessen beschreiben kann. Wir werden auch sehen, dass der Unterschied zwischen Arbeit W und Wärme Q vor allem mit der Entropie zusammenhängt.

2.6   Dritter Hauptsatz

Um Entropien messen zu können, braucht es einen Bezugspunkt. Dieser wird durch das NERNSTsche Wärmetheorem beziehungsweise den *dritten Hauptsatz* der Thermodynamik definiert (Nernst 1906).

Merke 4 (Nernstsches Wärmetheorem)

$$\Delta_R S \to 0 \text{ für } T \to 0 \qquad (2.2)$$

Dieses Theorem wird dadurch begründet, dass bei Messungen von Reaktionen zwischen reinen, kristallinen Festkörpern festgestellt werden konnte, dass die Änderung der Entropie ($\Delta_R S$) für diese Reaktionen bei Annäherung an den absoluten Nullpunkt gegen null strebt.

Die molare Reaktionsentropie $\Delta_{R,m} S$ ist definiert als die Differenz der molaren Entropien S_m von Produkten und Edukten, was man formal wie folgt schreiben kann:

$$\Delta_{R,m} S = \sum_i^k v_i S_{m,i}. \tag{2.3}$$

Wobei v_i die stöchiometrischen Koeffizienten sind (also die Vorfaktoren in der Reaktionsgleichung, welche für Edukte negativ und Produkte positiv gezählt werden). Setzt man diese Definition in das NERNSTsche Wärmetheorem ein, erhält man:

$$\lim_{T \to 0} \Delta_{R,m} S = \lim_{T \to 0} \sum_1^k v_i S_{m,i} = 0. \tag{2.4}$$

PLANK erkannte, dass dies nur erfüllt sein kann, wenn entweder alle molaren Entropien $S_{m,i}$ gleich groß oder gleich null sind. Deshalb erweiterte er das NERNSTsche Wärmetheorem und definierte die Entropie idealer, kristalliner und reiner Festkörper am absoluten Nullpunkt als null (Planck 1912).

Merke 5 (Dritter Hauptsatz)

$$\lim_{T \to 0} S \equiv 0 \tag{2.5}$$

Für reine, perfekt geordnete Substanzen ist die Entropie am absoluten Nullpunkt gleich null.
Damit hat jeder Stoff eine bestimmte positive Entropie.

In der Realität gibt es in manchen Fällen sogenannte Nullpunktsentropien. Diese lassen sich am Beispiel von Wasser nachvollziehen: Wir wissen, dass jedes Sauerstoffatom tetraedrisch von vier Wasserstoffatomen umgeben ist. Zu zwei davon werden kurze σ-Bindungen ausgebildet, zu den zwei anderen längere Wasserstoffbrücken. Hierbei ist es rein zufällig, welche zwei der vier Bindungen nun σ-Bindungen sind und welche die Wasserstoffbrücken sind. Dies führt für N Wassermoleküle zu 2^N gleich wahrscheinlichen Anordnungsmöglichkeiten und damit zu einer Nullpunktsentropie ungleich null. Auch bei Gläsern gibt es viele Konfigurationsmöglichkeiten, sodass es auch hier eine Nullpunktsentropie gibt (Lieb 1967; Julian et al. 1983).

Transportgrößen und Wärmekapazität 3

Wir haben gelernt, dass die Thermodynamik Zustandsfunktionen (wie die Innere Energie) und Transportfunktionen (wie Arbeit und Wärme) verwendet, um thermodynamische Prozesse zu beschreiben.

So haben wir die Transportfunktionen Arbeit und Wärme im ersten Hauptsatz verwendet um die Änderung der Inneren Energie zu beschreiben. Wir sollten uns Arbeit und Wärme nicht als Energieformen sondern eher als Prozesse vorstellen. Energie ist etwas wie Geld auf einem Konto – Arbeit und Wärme sind dann Dinge wie Schecks: sie sind selbst kein Geld, aber ein Weg Geld zu transportieren (Fortman 1993; Barrow 1988).

Nun möchten wir uns damit beschäftigen, wie wir die Arbeit W und Wärme Q berechnen können.

3.1 Arbeit

Eine Möglichkeit des Energietransportes stellt die Arbeit dar. Aus der klassischen Mechanik ist bekannt, dass die Arbeit W als das Skalarprodukt von Kraft $\mathbf{F}$ mit dem Weges $\mathbf{s}$ definiert ist:

> **Merke 1**
>
> $$W = \mathbf{F}(\mathbf{s}) \cdot \mathbf{s} \tag{3.1}$$
>
> beziehungsweise differenziell:
>
> $$\delta W = \mathbf{F}(\mathbf{s}) \cdot d\mathbf{s} \tag{3.2}$$

© Springer Fachmedien Wiesbaden GmbH 2017
K.M. Jablonka, *Grundlagen der Thermodynamik für Studierende der Chemie*, essentials, DOI 10.1007/978-3-658-17021-9_3

Arbeit ist damit die Fläche unter der Kurve $\mathbf{F(s)}$ zwischen den Punkten s_1 und s_2.

Es ist wichtig zu erkennen, dass die Arbeit als Skalarprodukt von zwei Vektoren (fett gedruckt) berechnet wird. Die Richtung, in die die Kraft wirkt, ist also entscheidend für das Vorzeichen der Arbeit.

Bedeutsam für die Thermodynamik sind besonders die Begriffe der Volumenarbeit W_{Vol} und der elektrischen Arbeit W_{Elektr}.

Um den Ausdruck für die Volumenarbeit aus Gl. 3.1 abzuleiten, benötigen wir die Definition des Druckes p als Kraft pro Fläche A:

$$p = \frac{F_n}{A} = \frac{\mathbf{F} \cdot \mathbf{n}}{A}. \tag{3.3}$$

Für die Größe des Druckes wird die Normalkomponente F_n der Kraft verwendet – also die Komponente der Kraft, die senkrecht zur Fläche steht. Der Druck ist eine skalare Größe, dies sieht man daran, dass die Normalkomponente der Kraft sich als Skalarprodukt der Kraft $\mathbf{F}$ und des Normalenvektor $\mathbf{n}$ ergibt.

Verwendet man nun auch die Volumenänderung $dV = A \cdot ds$ anstatt der Änderung des Weges ds erhält man für die Volumenarbeit:

Merke 2

$$W_{\text{Vol}} = -\int_{V_1}^{V_2} p \cdot A \cdot \frac{dV}{A} = -\int_{V_1}^{V_2} p \cdot dV \tag{3.4}$$

Das negative Vorzeichen wird hier verwendet, da das System Arbeit gegen die Luftsäule verrichtet. Die Größen Kraft und Weg sind hier entgegen gerichtet (es muss Arbeit verrichtet werden um einen Kolben *gegen* den Luftdruck zu drücken).

Hier erkennen wir auch ein grundlegendes Prinzip der Thermodynamik: Energiebeiträge, die das System abgibt, werden negativ gezählt. Alle Energiebeiträge, die in das System gesteckt werden, werden positiv gerechnet.

Häufig befassen wir uns in der Thermodynamik auch mit elektrischer Arbeit. Die Kraft ist hierbei definiert als

$$\mathbf{F} = Q \cdot \mathbf{E}, \tag{3.5}$$

wobei Q die Ladung und $\mathbf{E} = \frac{dU}{ds}$ (für homogene Felder) die elektrische Feldstärke, also Spannungsgefälle U entlang dU ist. Somit gilt für die elektrische Arbeit:

$$W_{\text{Elektr.}} = -\int_{s_1}^{s_2} Q \cdot \mathbf{E} \cdot d\mathbf{s} = -\int_{U_1}^{U_2} Q \cdot \frac{dU}{d\mathbf{s}} \, d\mathbf{s}$$

$$= -Q(U_2 - U_1). \tag{3.6}$$

Wichtig ist es, bei der Arbeit zu erkennen, dass es sich hierbei um eine gerichtete Bewegung handelt. Bei der Volumenarbeit wird beispielsweise ein Kolben gerichtet gegen die Luftsäule verschoben und der elektrische Strom ist ja gerade die gerichtete Bewegung von Elektronen.

3.2 Wärme

Energietransport ist nicht nur über Arbeit möglich. Eine weitere Möglichkeit für den Energietransport stellt die Wärme Q dar. Wärme ist definiert als der Energiebeitrag, der aufgrund eines Temperaturgradienten von einem wärmeren zu einem kälteren Körper fließt.

Dies führte MAXWELL zur Aussage, dass die Temperatur die Eigenschaft ist, die einen Körper dazu befähigt, Wärme mit anderen Körpern auszutauschen (Maxwell und Rayleigh 1908).

Wärme ist auch eng mit dem Begriff der Endo- bzw. Exothermie von Prozessen verknüpft. Ein Prozess bei dem das System Energie in Form von Wärme an die Umgebung abgibt wird *exotherm* genannt. Ein Prozess, bei dem das System Energie in Form von Wärme von der Umgebung aufnimmt, wird *endotherm* genannt.

Mit dem Begriff der Wärme können wir auch zwei weitere Begriffe einführen, die es uns erlauben unsere Systemgrenzen zu beschreiben: Systemgrenzen, die Wärmeaustausch ermöglichen werden *diatherm* genannt. Grenzen, die dies verbieten, werden *adiabat* bezeichnet.

Intuitiv ist uns klar, dass durch eine Temperaturerhöhung sich die Teilchen schneller bewegen. Dies wird durch die BROWNsche Molekularbewegung beschrieben. Durch die vielen Stöße der Teilchen kommt es zu zufälligen Richtungsänderungen der Teilchen – die Bewegung der Teilchen ist damit ungeordnet. In der Definition der Wärme haben wir gesehen, dass Wärme der Energiebeitrag ist, der aufgrund eines Temperaturgradienten fließt – Wärme nutzt also die ungeordnete Bewegung für den Transport von Energie während die Arbeit die gerichtete Bewegung nutzt.

3.3   Wärmekapazität

Stellen wir uns vor, dass wir Wasser erhitzen. Dabei würden wir feststellen, dass die zugeführte Wärmemenge Q proportional zur Temperaturänderung ΔT sowie zur Stoffmenge n ist:

$$Q = C \cdot \Delta T = n \cdot C_\mathrm{m} \cdot \Delta T. \tag{3.7}$$

die Proportionalitätskonstante C wird hier als *Wärmekapazität* bezeichnet, C_m ist die *molare Wämekapazität*. Streng genommen gilt dieser Zusammenhang so für nur einen sehr kleinen Temperaturbereich, da wir sehen werden, dass die Wärmekapazität temperaturabhängig ist.

Das Wasser lässt sich bei konstantem Volumen, sogenannten *isochoren* Bedingungen, oder bei konstanten Druck, also *isobaren* Bedingungen erhitzen. Für Prozesse bei konstanten Volumen bezeichnen wir die Konstante als C_V, für Prozesse bei konstantem Druck als C_p. Die Wärmekapazität bei konstanten Volumen ist hierbei definiert als Änderung der Wärme mit der Temperatur.

Merke 3   (Wärmekapazität bei konstantem Volumen)

$$C_V = \left(\frac{\partial Q}{\partial T}\right)_V = n \cdot C_{V,\mathrm{m}} \tag{3.8}$$

(die tiefgestellte Größe hinter der Klammer kennzeichnet immer die Größe, die konstant bleibt).

Unter isochoren Bedingungen kann man diesen Ausdruck noch anders schreiben. Aus dem ersten Hauptsatz wissen wir, dass wir die Änderung der Inneren Energie als Summe aus Wärme und Arbeit schreiben können. Hierbei können wir die Arbeit in Volumenarbeit und Nichtvolumenarbeit W_E auftrennen:

$$dU = \delta Q + \delta W_\mathrm{V} + \delta W_\mathrm{E}. \tag{3.9}$$

Bei isochoren Bedingungen kann das System keine Volumenarbeit verrichten ($dV = 0$), damit ist $\delta W_\mathrm{V} = 0$. Nehmen wir zusätzlich noch an, dass keine weitere Arbeit (also beispielsweise auch keine elektrische Arbeit) verrichtet wird, erhalten wir:

$$dU = \delta Q. \tag{3.10}$$

Bei isochoren Bedingungen ist die übertragene Wärmemenge damit gleich der Änderung der Inneren Energie. Damit ergibt sich für die isochore Wärmekapazität, dass diese die Änderung der Inneren Energie mit der Temperatur ist.

Merke 4 (Wärmekapazität bei konstantem Volumen)

$$C_V = \left(\frac{\partial U}{\partial T}\right)_V = n \cdot \left(\frac{\partial U_m}{\partial T}\right)_V \tag{3.11}$$

3.4 Wärmekapazität und Freiheitsgrade

Zuvor haben wir die Innere Energie U als Summe der Translationsenergien, Rotationsenergien, Schwingungsenergien, chemischen Bindungsenergien sowie der intermolekularen Wechselwirkungen aller Teilchen definiert.

Zusätzlich sagt der Gleichverteilungssatz aus, dass im zeitlichen Mittel die Gesamtenergie auf alle Freiheitsgrade gleich verteilt ist. Hierbei zählen Schwingungsfreiheitsgrade allerdings doppelt in der Bilanz, da diese sowohl kinetische als auch potenzielle Energie aufnehmen können (vergleiche mit den Energietermen beim harmonischen Oszillator). Man kann zeigen, dass jeder Freiheitsgrad

$$\langle E \rangle_{FG,m} = \frac{R}{2} T$$

an Energie aufnehmen kann. Wobei $R \approx 8{,}314\,\mathrm{J\,mol^{-1}K^{-1}}$ die universelle Gaskonstante ist (Dence 1972).

Mit diesem Wissen ergibt sich folgender Ausdruck für die molare Innere Energie U_m:

$$U_m = (FG_{Trans} + FG_{rot} + 2 \cdot FG_{vib}) \cdot \frac{RT}{2}. \tag{3.12}$$

Setzt man diesen Ausdruck in Gl. 3.11 ein, erhält man einen Zusammenhang zwischen Wärmekapazität und Anzahl der Freiheitsgrade:

$$C_{V,m} = (FG_{Trans} + FG_{rot} + 2 \cdot FG_{vib}) \cdot \frac{R}{2}. \tag{3.13}$$

3.5   Temperaturabhängigkeit der Wärmekapazität

Oft wird die Temperaturabhängigkeit der Wärmekapazität vernachlässigt. In kleinen Temperaturbereichen ist das für Edelgase bei geringen Druck eine gute Näherung. Für manche Probleme benötigt man allerdings einen genaueren temperaturabhängigen Ausdruck für die Wärmekapazität. Dieser kann empirisch bestimmt werden. Man passt dafür eine Entwicklung nach der Temperatur an die Messdaten an. Dies ist als SHOMATE-Gleichung bekannt (Shomate 1954; Janz 1954):

$$C_v = a + b\,T + \frac{c}{T^2} + \ldots \qquad (3.14)$$

Wobei a, b und c unabhängig von der Temperatur sind und durch Fitten von Gl. 3.14 an die experimentellen Daten bestimmt werden.

Über die BOLTZMANN-Statistik lässt sich zeigen, dass Schwingungs- und Rotationsfreiheitsgrade bei Raumtemperatur meist noch nicht besetzt sind und erst bei höheren Temperaturen angeregt werden. Es ergibt sich deshalb meist ein stufenförmiger Anstieg der Wärmekapazität bei Temperaturerhöhung (vgl. Abb. 3.1).

Abb. 3.1 Schematischer
Verlauf der Wärmekapazität
bei einem Idealen Gas

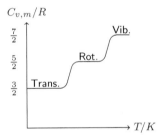

Entropie 4

Die Frage, warum manche Prozesse spontan stattfinden und manche nicht, hat Wissenschaftler Jahre lang beschäftigt. Zunächst wurde angenommen, dass die Exothermie von Reaktionen der entscheidende Faktor ist. Das Betrachten von einfachen Beispielen aus dem Alltag zeigt jedoch, dass dies nicht der Fall sein kann: Ein Spiegel zerbricht spontan in einen Haufen aus Scherben doch ein Haufen aus Scherben wird niemals spontan ein Spiegel werden. Beide Prozesse sind nicht von nennenswerten Exothermie begleitet. Auch die Expansion eines Gases ins Vakuum erfolgt spontan. Für sehr geringe Drücke ist auch hier $\Delta U \approx 0$. Dennoch wurde der umgekehrte Prozess noch nie beobachtet. Darüber hinaus gibt es auch einige endotherme Reaktionen, wie das Auflösen einiger Salze, die endotherm sind aber dennoch spontan stattfinden.

Die Richtung von spontanen Prozessen muss durch eine andere Größe beschrieben werden – wir werden zeigen, dass es sich hierbei um die Entropie handelt.

4.1 Reversible und irreversible Prozesse

Um den Begriff der Entropie einführen zu können, müssen wir uns zunächst mit der Reversibilität von Zustandsänderungen beschäftigen.

Aus unserer Alltagserfahrung sind uns fast nur irreversible – also unumkehrbare – Prozesse bekannt: Ein Ball, der auf einen weichen Grund geworfen wird springt immer wieder hoch – allerdings immer ein weniger hoch als zuvor, weil ein Teil der kinetischen Energie in Form von Wärme dissipiert – es geht hierbei also die Energie der gerichteten Bewegung in die Energie der ungerichteten thermischen Bewegung über.

Wir würden allerdings nie den umgekehrten Prozess betrachten: Es würde sich nicht die gesamte Energie, die in ungeordneter thermischer Energie steckt, in einem Translationsfreiheitsgrad sammeln um den Ball nach oben zu bewegen. Nach dem

© Springer Fachmedien Wiesbaden GmbH 2017
K.M. Jablonka, *Grundlagen der Thermodynamik für Studierende der Chemie*, essentials, DOI 10.1007/978-3-658-17021-9_4

ersten Hauptsatz ist dieser Prozess nicht verboten. Es würde hier keine Energie vernichtet oder erzeugt werden. Er ist allerdings höchst unwahrscheinlich und wird in der Praxis nie beobachtet werden (Atkins und de Paula 2014).

Ein solcher Prozess, bei dem der Energiefluss zwischen System und Umgebung nicht vollständig umkehrbar ist, wird *irreversibel* genannt.

Empirisch sehen wir also, dass spontan ablaufende Prozesse also durch eine Umverteilung von Energie – man kann es vielleicht sogar „Entwertung" nennen– gekennzeichnet sind. Der Anteil der Energie, der in ungeordneter thermischer Bewegung steckt, nimmt bei spontanen Prozessen zu. Spontane Prozesse sind demnach irreversibel (dies haben wir auch schon so ähnlich im zweiten Hauptsatz festgestellt: Wärme kann nicht vollständig in Arbeit umgewandelt werden). Prozesse bei denen Reibung und andere Dissipationsprozesse im Spiel sind, sind damit immer irreversibel.

Bei *reversiblen* Prozessen steht das System jederzeit mit der Umgebung im Gleichgewicht. Die Änderung des Zustandes erfolgt hier in *infinitesimalen Schritten*. Ein reversibler Prozess kann hierbei durch die infinitesimale Änderung der Bedingungen umgekehrt werden.

Betrachten wir nun beispielsweise den Prozess, bei welchem ein heißer Körper in kaltes Wasser geworfen wird: hierbei wird Energie in Form von Wärme vom heißen Körper auf das Wasser übertragen werden. Führen wir nun eine infinitesimale Änderung der Temperatur durch, wird dies nicht die Richtung des Prozesses ändern – der Prozess ist irreversibel. Betrachten wir nun das System im thermischen Gleichgewicht, führt eine infinitesimale Verringerung der Temperatur der Umgebung dazu, dass Energie in Form von Wärme aus dem System fließt. Eine infinitesimale Erhöhung der Temperatur der Umgebung führt zum umgekehrten Prozess. Dieser Prozess wäre also reversibel.

4.2   Entropie als Maß für die Anzahl an Mikrozuständen

Bei den Ausführungen zum zweiten Hauptsatz haben wir gesehen, dass bestimmte Prozesse nicht stattfinden, da diese beliebig unwahrscheinlich sind.

Wahrscheinlichkeiten für bestimmte Vorgänge hängen davon ab, wie viele Zustandsmöglichkeiten das System für einen Makrozustand überhaupt hat.

Die Entropie ist nach BOLTZMANN (die hier dargestellte Form der Gleichung stammt von PLANCK) proportional zur Anzahl W möglicher Mikrozustände (Boltzmann 1877; Planck 1901).

Merke 1 (Entropie in der statistischen Thermodynamik)

$$S = k_B \ln W \qquad (4.1)$$

wobei $k_B = R/N_A = 1.38 \times 10^{-23}\,\text{J K}^{-1}$ *die* BOLTZMANN-*Konstante und* W *die Anzahl möglicher Zustände ist.*

Vereinfacht betrachtet kann man sich hiermit auch den dritten Hauptsatz erklären. Am absoluten Nullpunkt ist die kinetische Energie der Teilchen gleich null. Alle Teilchen befinden sich im Gitter an einem festen Platz, damit gibt es nur einen möglichen Mikrozustand.

Damit sollte nach der statistischen Definition der Entropie gelten:

$$S(0) = k_B \ln(1) = 0. \qquad (4.2)$$

Der Logarithmus in der Definition der Entropie ist darin begründet, dass Entropien für ein Gesamtsystem sich additiv aus den Entropien der Einzelsysteme A und B zusammensetzen soll (McQuarrie und Simon 1997). Es soll also gelten:

$$S_{\text{total}} = S_A + S_B. \qquad (4.3)$$

Weiterhin wissen wir allerdings auch, dass sich Wahrscheinlichkeiten – also die Anzahl möglicher Mikrozustände – multiplikativ zusammensetzen (Pfadregel im Baumdiagramm). Es gilt also:

$$W_{AB} = W_A \cdot W_B. \qquad (4.4)$$

Setzen wir dies nun in die Definition der Entropie nach Gl. 4.1 ein, erhalten wir:

$$S_{AB} = k_B \ln(W_1 \cdot W_2) = k_B \ln W_1 + k_B \ln W_2 = S_A + S_B, \qquad (4.5)$$

womit unsere Forderung nach der Additivität von Entropien erfüllt ist.

4.3   Entropie in isolierten Systemen

Mit Gl. 4.1 erkennen wir, dass die Entropie eines isolierten Systems nicht abnehmen kann, da ein isoliertes System sich immer von einem weniger wahrscheinlichen in einen wahrscheinlicheren Zustand – und damit einen Zustand höherer Entropie – bewegt (Entropie kann nur zeitweise um Beträge der Größenordnung von k_B schwanken, dieser Effekt wird *Schwankungserscheinung* genannt). Ein spontaner Prozess wird im isolierten System deshalb immer mit einer Erhöhung der Entropie verbunden sein. Das Gleichgewicht ist damit ein Zustand maximaler Entropie (Martyushev und Seleznev 2006). Wie wir im vorigen Unterabschnitt diskutiert haben, ist bei einem reversiblen Prozess das System immer im Gleichgewicht. Deshalb gilt dort auch $dS = 0$.

Für einen spontanen Prozess in einem isolierten System steigt die Entropie an:

$$dS_{\text{spontan}} > 0.$$

für einen reversiblen Prozess ist die Entropie in einem geschlossenen System konstant:

$$dS_{\text{reversibel}} = 0.$$

4.4   Entropie als Maß für die Güte der Energie

Wärmetransfer ist – wie wir schon gezeigt haben – mit einer Erhöhung der Anzahl möglicher Mikrozustände verbunden. Deshalb möchten wir uns zunächst mit einem reversiblen Wärmetransport beschäftigen. Einen reversiblen Wärmetransport deshalb, da bei irreversiblen Prozessen kein thermodynamisches Gleichgewicht herrscht und damit die Zustandsvariablen gar nicht definiert sind (im nullten Hauptsatz wird die Temperatur über das thermodynamische Gleichgewicht definiert).

Merke 2 (Entropie)

$$dS = \frac{\delta Q_{\text{rev}}}{dT} \qquad (4.6)$$

Für die Berechnung der Entropie muss immer die reversibel ausgetauschte Wärme Q_{rev} verwendet werden. Prozesse innerhalb der Umgebung sind allerdings immer reversibel, weshalb man folgenden Zusammenhang nutzen kann:

$$\delta Q_{rev, \text{System}} = -\delta Q_{\text{Umgebung}}. \tag{4.7}$$

Im Gegensatz zur statistischen Definition wird in der Definition der phänomenologischen Thermodynamik die Änderung der Entropie und nicht die absolute Entropie definiert. Gl. 4.6 lässt sich auch mit einer Metapher von Peter Atkins interpretieren (Atkins 2010): Eine Bibliothek ist ein ruhiger Raum mit wenig Bewegung – auf Moleküle übertragen entspricht dies einer geringer Temperatur und damit verbunden einer geringen Molekularbewegung. Eine plötzliche „Wärmezufuhr" – wie beispielsweise das Klingeln eines Handys – führt zu einer deutlich größeren Entropieänderung ΔS als das Klingeln mitten an einer belebten Straße in einer Großstadt – also auf Moleküle übertragen bei einer hoher Temperatur.

Man kann den Einfluss der Temperatur auch für die statistische Definition der Entropie durchdenken: Für hohe Temperaturen hat das System viele zugängliche Freiheitsgrade (Energieniveaus sind laut der Quantenmechanik diskret, d. h. es muss eine bestimmte Energie zugeführt werden um einen „Energiesprung" zu ermöglichen). Eine Zufuhr von Energie in Form von Wärme würde damit die Anzahl möglicher Mikrozustände und damit die Entropie nicht bedeutend erhöhen. In einem kalten System sind allerdings nur wenige Freiheitsgrade zugänglich, sodass die zuvor von Energie in Form von Wärme zu einer deutlichen Erhöhung der Anzahl möglicher Mikrozustände führt.

4.5 Clausische Ungleichung

Betrachten wir in einen Prozess in einem geschlossenen System. Für die Entropieänderung können wir nun schreiben:

$$dS = dS_{\text{Prod.}} + dS_{\text{Aus.}} \tag{4.8}$$

Wobei $dS_{\text{Prod.}}$ der Anteil der Entropieänderung durch die Produktion von Entropie in einem irreversiblen Prozess ist und $dS_{\text{Aus.}}$ der Anteil der Änderung durch einen Austausch mit der Umgebung ist.

Für einen reversiblen Prozess ist damit $dS_{Prod.} = 0$ und damit

$$dS_{rev} = dS_{Aus.} = \frac{\delta Q_{rev}}{T}. \tag{4.9}$$

Für einen irreversiblen Prozess gilt natürlich $dS_{Prod.} > 0$ und damit

$$dS_{irrev} > \frac{\partial Q_{irrev}}{T}. \tag{4.10}$$

Gl. 4.9 und 4.10 können zu einer Ungleichung zusammengefasst werden, die man die CLAUSIUSsche Ungleichung nennt (Anacleto 2011; Clausius 1865).

Merke 3 (Clausiussche Ungleichung)

$$dS \geq \frac{\delta Q}{T} \tag{4.11}$$

Wir haben zuvor gelernt, dass alle spontan ablaufenden Prozesse irreversibel sind. Weiterhin kann das Universum als isoliertes System betrachtet werden. Diese Erkenntnisse können für eine neue Formulierung des zweiten Hauptsatzes genutzt werden:

Merke 4 (Zweiter Haupsatz der Thermodynamik) *Die Entropie des Universums strebt zu einem Maximum.*

CLAUSIUS fasste den ersten und zweiten Hauptsatz wie folgt zusammen (Clausius 1865; Dreyer und Weiss 1997):

1. Die Energie der Welt ist konstant.
2. Die Entropie der Welt strebt einem Maximum zu.

Und folgerte daraus, dass der „Wärmetod" des Universums unausweichlich ist. Ob der Wärmetod (bei maximaler Entropie ist keine Änderung mehr möglich, da keine Temperaturunterschiede mehr möglich sind) tatsächlich kommen wird, ist noch nicht geklärt (Adams und Laughlin 1997; Bahr et al. 2016). Doch dies ist ein völlig anderes Gebiet als die Thermodynamik. Die Entropie sorgt allerdings immer noch für Diskussionen – beispielsweise durch ein Gedankenexperiment des Physikers MAXWELL (siehe Exkurs).

Exkurs (MAXWELLscher Dämon)

Beim MAXWELLschen Dämonen handelt es sich um ein Gedankenexperiment des Physikers MAXWELL, mit welchem er den zweiten Hauptsatz durchdenken wollte (Maxwell und Rayleigh 1908).

Der Dämon sitzt in einer Box die in der Mitte geteilt ist und eine Klappe enthält, die der Dämon ohne Energieverbrauch bedienen kann (vergleiche Abb. 4.1). Die Box ist mit sich bewegenden Molekülen gefüllt, die der Dämon durch Information über die Position und den Impuls durch Bedienen der Klappe in „heiß" und „kalt" sortieren kann. Der Dämon kann also durch Information (und ohne Energieaufwand) die Entropie verringern. Mit der so geschaffenen Temperaturdifferenz zwischen den beiden Teilchen der Box könnte man nun Arbeit verrichten (eine Wärmekraftmaschine betreiben). Dies verletzt offensichtlich den zweiten Hauptsatz der Thermodynamik. VIDRIGHIN et al. berichteten 2016 von einer experimentellen Umsetzung des Experiments (Vidrighin et al. 2016).

MAXWELL wollte ursprünglich zeigen, dass der zweite Hauptsatz nur statistischen Charakter hat. Letztenendes hat das Gedankenexperiment allerdings auch großen Einfluss auf die Informationstheorie und die Chipindustrie gehabt. An dem Problem haben sich viele große Wissenschaftler versucht. LANDAUER und BENNET argumentierten schließlich, dass jede Messung Entropie „kostet". Auch den Speicher eines Computers zu löschen „kostet" damit Entropie (Plenio und Vitelli 2001; Bennett 1987; Landauer 1987). Für die Berechnung von einem Output von einem Bit (auch dieser Begriff wurde erst im Zusammenhang mit dem Dämonen eingeführt) kostet $k_B T \ln 2$ an freier Energie (man beachte den Zusammenhang mit der statistischen Definition der Entropie und dass ein Bit zwei Mikrozustände „0" und „1" hat).

Diese Idee, welche LANDAUER-Prinzip genannt wird, liefert eine Grenze für die Verlustleistung von Computern (Moore 2012).

Die Gültigkeit dieses Prinzips wird noch diskutiert, ein erster Schritt zur experimentellen Bestätigung wurde 2012 von Bérut et al. gemacht (Bérut et al. 2012).

Eine anschauliche Erklärung findet sich auch auf dem Youtube-Kanal Sixty Symbols: https://www.youtube.com/watch?v=uc9P5yb3Xtc.

Abb. 4.1 MAXWELLscher
Dämon beim Sortieren
heißer (gefüllt) und kalter
(ungefüllt) Teilchen

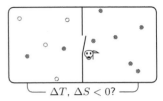

$$\Delta T,\ \Delta S < 0?$$

Abschließend noch ein Kommentar zum Titel des Abschnittes: Energie ist technisch gesehen umso wertvoller, je weniger sie mit Entropie zusammen aufkommt (Spencer und Holmboe 1983). Da die Entropie nur größer werden kann oder (für reversible Prozesse) gleich bleiben kann, kann man mit einem System umso mehr Zustände erreichen, je geringer die Entropie ist. Deshalb strebt man technisch Energieformen an, die wenig mit Entropie zusammen hängen. Entropie gibt damit in gewisser Weise die „Güte" der Energie an. Entropie ist auch der Grund dafür, warum Kraftwerke Kühltürme brauchen (Buchholz 2016). Eine anschauliche Erklärung findet sich in einem Science-Slam-Vortag von Martin Buchholz (https://www.youtube.com/watch?v=z64PJwXy--8).

Exkurs (Entropie und Unordnung)

Leider wird der Begriff der Entropie oft mit Unordnung gleichgesetzt, was eher verwirrend als hilfreich ist (Lambert 2002; Ben-Naim 2011).

Oft versagt das Konzept der „Unordnung" schon bei einfachsten Prozessen: Man könnte sich beispielsweise fragen, warum sich spontan Kristalle bilden. Besser geordnete Systeme als Kristalle kann es kaum geben. Die Erklärung ist hier allerdings einfach, wenn man auch die Umgebung betrachtet (die Entropie des Universums strebt einem Maximum zu, über das System selbst macht der zweite Hauptsatz keine Aussage). Bei Kristallisation wird Energie in Form von Wärme frei, die an die Umgebung abgegeben wird – dadurch steigt dort die Entropie. Dies ist im Einklang mit der Definition der Entropie als Maß für die Dissipation von Energie ($dS = Q_{rev}/T$).

Man kann sich genauso die Frage stellen, wie es nun zur Entropieerhöhung bei Expansion kommt. Mit dem Begriff der Unordnung ist eine Erklärung nicht möglich. Stattdessen muss man mit der Anzahl möglichen Mikrozuständen, die für einen Makrozustand möglich sind, argumentieren – die Teilchen können sich bei einem größerem Volumen einfach an mehr verschiedenen Positionen aufhalten. Noch besser lässt es sich durch die Quantenmechanik beschreiben. Die Energien für ein Teilchen im Kasten sind durch

$$E = \frac{n^2 h^2}{8ml} \tag{4.12}$$

gegeben. Hierbei ist h die PLANCKsche Konstante, n eine Quantenzahl, m die Masse eines Teilchens und l die Länge des Kastens. Macht man l größer wird damit der Abstand zwischen den Energieniveaus kleiner – es sind mehr Mikrozustände für den gleichen Makrozustand möglich!

Dass Unordnung der falsche Begriff ist, wird noch viel besser deutlich, wenn man bestimmt Arten von Flüssigkristallen betrachtet, deren von außen betrachtete „geordnete" Struktur mehr Entropie als die „ungeordnete" Struktur hat – hierzu hat Prof. Frenkel aus Cambridge viele Arbeiten publiziert (Frenkel und Warren 2015). Vereinfacht gesprochen wächst in solchen Fällen dann beispielsweise die Translationsentropie, während die Orientierungsentropie sinkt.

Mehr Beispiele und eine ausführlichere Diskussion findet sich in der Literatur (Styer 2000, 2008; Frenkel 2014; van Anders et al. 2014; Lowe 1988). Eine anschauliche Darstellung von Prof. Phil Moriarty lässt sich auf dem Kanal nottinghamscience (https://www.youtube.com/watch?v=vSgPRj207uE) auf Youtube finden.

4.6 Hydrophober Effekt

Ein sehr wichtiger Effekt, der unter anderem auch bei der Membranbildung eine Rolle spielt, ist der hydrophobe Effekt. Anschaulich erklärt er auch, warum sich Wasser und Öl entmischen. Aus der allgemeinen Chemie ist bekannt, dass Wasser tetraedrisch von anderen Molekülen umgeben ist, wodurch sich verschiedene Anordnungsmöglichkeiten für das Wassermolekül im Tetraeder ergeben (vgl. die Diskussion zur Nullpunktsentropie und Abb. 4.2). Wird nun eine Ecke des Tetraeders, in der sich zuvor ein Sauerstoffatom eines Wassermoleküles befunden hat, durch ein unpolares Molekül ersetzt, ergeben sich weniger energetisch günstige Anordnungen (weniger Mikrozustände) – die Entropie wird nach $S = k_B \ln W$ damit kleiner. Jedes System will allerdings seine Entropie vergrößern (zweiter Hauptsatz) und damit möglichst viele energtisch günstige Mikrozustände schaffen – deshalb kommt es zur Entmischung, wodurch die Kontaktfläche zwischen Wasser und Öl minimiert wird (Chandler 2005; Southall et al. 2002).

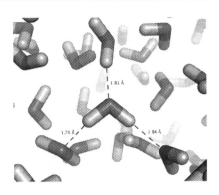

4.7 Temperaturabhängigkeit der Entropie

Für einen reversiblen Prozess kann der erste Hauptsatz wie folgt formuliert werden:

$$dU = \delta Q_{rev} + \delta W_{rev}. \tag{4.13}$$

δQ_{rev} ist aus der Definition der Entropie als $\delta Q_{rev} = T\,dS$ bekannt, δW_{rev} aus der Definition der Arbeit als $\delta W_{rev} = -p\,dV$ (wenn nur Volumenarbeit zugelassen ist). Damit ergibt sich als Zusammenhang die sogenannte Fundamentalgleichung der Thermodynamik, welche den ersten und zweiten Hauptsatz miteinander kombiniert.

Merke 5 (Fundamentalgleichung der Thermodynamik)

$$dU = T\,dS - p\,dV \tag{4.14}$$

Leitet man die Fundamentalgleichung nach der Temperatur T ab, ergibt sich unter Nutzung der Definition der Wärmekapazität folgende Beziehung für die Temperaturabhängigkeit der Entropie:

$$\left(\frac{\partial S}{\partial T}\right)_V = \frac{C_V}{T}. \tag{4.15}$$

Integriert man diesen Zusammenhang nun, erhält man einen Ausdruck für ΔS in Abhängigkeit von der Temperatur:

$$\Delta S = S(T_2) - S(T_1) = \int_{T_1}^{T_2} \frac{C_V(T)}{T} dT. \tag{4.16}$$

Da über den dritten Hauptsatz die Nullpunktsentropie definiert ist, berechnet man $S(T)$ meist ausgehend von $S(0)$:

$$S(T) = S(0) + \int_0^{T'} \frac{C_V(T)}{T} dT = \int_0^{T'} \frac{C_V(T)}{T} dT. \tag{4.17}$$

Carnot-Prozess

5

Nachdem wir uns mit der Theorie zu Entropie und dem zweiten Hauptsatz beschäftigt haben, möchten wir uns nun mit der praktischen Anwendung beschäftigen: Wir möchten den maximalen Wirkungsgrad periodisch arbeitender Wärmekraftmaschinen bestimmen (Atkins und de Paula 2014).

Dazu kann man einen Kreisprozess verwenden, der von Sadi CARNOT 1824 entwickelt wurde (Carnot 1824) – ein Jahrzehnt bevor der erste Hauptsatz formuliert wurde!

5.1 Die idealisierte Wärmekraftmaschine

Die Grundidee der Wärmekraftmaschine nach CARNOT ist vergleichsweise einfach (vergleiche Abb. 5.1): Zu Beginn ist die Maschine mit einem kalten Reservoir (meist die Umgebung) verbunden, dann wird die Wärme Q_H aus dem heißem Reservoir zugeführt – das Arbeitsmedium expandiert und leistet damit die Arbeit W. Um zum Ausgangszustand zurückzukehren muss nun wieder abgekühlt werden, wobei die Wärme Q_K übertragen wird.

Für eine Wärmepumpe – also einen Kühlschrank – muss man einfach nur alle Vorzeichen in dem Diagramm der Wärmekraftmaschine umdrehen. Wir sehen wieder, dass wir Arbeit aufwenden müssen um Wärme aus einem kalten in ein warmes Reservoir zu transportieren (zweiter Hauptsatz nach CLAUSIUS).

© Springer Fachmedien Wiesbaden GmbH 2017
K.M. Jablonka, *Grundlagen der Thermodynamik für Studierende der Chemie*, essentials, DOI 10.1007/978-3-658-17021-9_5

Abb. 5.1 Wirkungsweise
der Wärmekraftmaschine (**a**)
und einer Wärmepumpe (**b**)

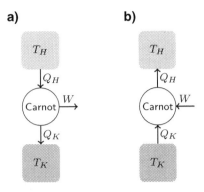

5.2   Carnot Zyklus

Der CARNOTsche Kreisprozess kann in vier Schritte (vgl. Abb. 5.2) unterteilt werden, die wir nun nacheinander diskutieren (Atkins und de Paula 2014).

1. *isotherme, reversible Expansion* $(1 \rightarrow 2)$: Das Arbeitsmedium wird an das heiße Reservoir gekoppelt. Die Innere Energie ändert sich hierbei nicht, da es sich um einen isothermen Prozess handelt. Die Energie, die für die Expansion benötigt wird, wird durch Wärme aus dem heißem Reservoir zugeführt. Es gilt damit $Q_H = -W_H$.
2. *adiabatische, reversible Expansion* $(2 \rightarrow 3)$: Man lässt das Medium nach thermischer Entkopplung weiter expandieren. Da nun keine Wärme aus der Umgebung zugeführt werden kann, erfolgt die Expansion durch Verringerung der Inneren Energie. Man expandiert das Arbeitsmedium, bis die Temperatur auf T_K fällt.

Abb. 5.2 Der CARNOTsche
Kreisprozess im
pV-Diagramm

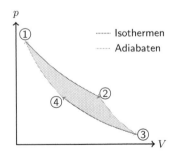

3. *isotherme, reversible Kompression* (3 → 4): Um zum Ausgangszustand zurückzukehren komprimiert man das Arbeitsmedium in zwei Schritten. Im ersten Kompressionschritt ändert sich die Innere Energie nicht, die Wärme Q_K wird dem kalten Reservoir zugeführt. Es gilt damit $Q_K = -W_K$.

4. *adiabatische, reversible Kompression* (4 → 1): Der zweite Kompressionsschritt erfolgt adiabatisch (das Arbeitsmedium wird vom kalten Reservoir thermisch entkoppelt). Das Arbeitsmedium erwärmt sich hierbei auf T_H.

Die geleistete Arbeit beim CARNOTschen Kreisprozess ist die in Abb. 5.2 grau markierte Fläche zwischen den Isothermen und Adiabaten.

Betrachten wir nun die Bilanz der Inneren Energie nach dem ersten Hauptsatz:

$$C_V dT = \delta Q - nRT \frac{dV}{V}. \tag{5.1}$$

Integration über den gesamten Kreisprozess (darum das Ringintegral $\oint$) ergibt:

$$\oint C_V \frac{dT}{T} = \oint \frac{\delta Q}{T} - nR \oint \frac{dV}{V}. \tag{5.2}$$

Analysieren wir den Term $\oint C_v \frac{dT}{T} = U$. Da die Innere Energie eine Zustandsfunktion ist, muss dieser Term 0 ergeben:

$$\oint C_V \frac{dT}{T} = \underbrace{\int_{T_H}^{T_H} C_V \frac{dT}{T}}_{1 \to 2} + \underbrace{\int_{T_H}^{T_K} C_V \frac{dT}{T}}_{2 \to 3} + \underbrace{\int_{T_K}^{T_K} C_V \frac{dT}{T}}_{3 \to 4} + \underbrace{\int_{T_K}^{T_H} C_V \frac{dT}{T}}_{4 \to 1}. \tag{5.3}$$

Dieser Term ist gleich null, da beim adiabatischen Prozess 2 → 3 die gleiche Innere Energie wie beim Prozess 3 → 4 umgesetzt wird – nur mit entgegengesetzten Vorzeichen (vertauschte Integrationsgrenzen). Bei den isothermen Prozessen sind die Integrationsgrenzen gleich, weshalb sich die Innere Energie nicht ändert.

Das Ringintegral über die Volumenänderung $\oint \frac{dV}{V}$ ist ebenfalls null, da das Volumen hier eine Erhaltungsgröße ist.

Da diese beiden Terme null sind, muss auch $\oint \frac{\delta Q}{T} = 0$ sein, damit die Energiebilanz nach dem ersten Hauptsatz erfüllt ist. Wir haben nur reversible Prozesse betrachtet, weshalb wir auch

$$\oint \frac{\delta Q_{rev}}{T} = 0 \tag{5.4}$$

schreiben können. Wie wir wissen, ist dies die Definition der Entropie dS. Über den
CARNOT-Prozess kann man also zeigen, dass die Entropie eine Zustandsfunktion
ist.

5.3   Carnot-Wirkungsgrad

Der Wirkungsgrad η lässt sich aus dem Quotienten der Arbeit W, die die Maschine
leistet und der Wärme Q_H, die man in die Maschine steckt, berechnen:

$$\eta = \frac{|W|}{|Q_H|}. \tag{5.5}$$

Da wir einen geschlossenen Kreisprozess betrachten, ist die Änderung der Inneren
Energie entlang des gesamten Kreisprozesses gleich null. Daraus folgt:

$$W = Q_H + Q_K. \tag{5.6}$$

Und mit Gl. 5.5 erhält man damit:

$$\eta = \frac{Q_H + Q_K}{Q_H} = 1 + \frac{Q_K}{Q_H}. \tag{5.7}$$

Da Q_K negativ und Q_H positiv ist, ist immer $\eta < 1$. Betrachten wir noch einmal
die Entropieänderung (Gl. 5.4) entlang des Kreisprozesses (siehe auch Abb. 5.3):

Abb. 5.3 Entropieänderung
beim CARNOT-Prozess

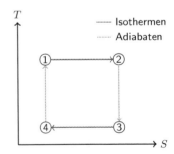

$$\oint \frac{\delta Q}{T} = \underbrace{\frac{Q_H}{T_H}}_{1 \to 2} + \underbrace{0}_{2 \to 3} + \underbrace{\frac{Q_K}{T_K}}_{3 \to 4} + \underbrace{0}_{4 \to 1} = \frac{Q_H}{T_H} + \frac{Q_K}{T_K} = 0. \tag{5.8}$$

Damit ergibt sich der Zusammenhang

$$\frac{Q_H}{Q_K} = -\frac{T_H}{T_K}. \tag{5.9}$$

Setzen wir dies in Gl. 5.7 ein, erhalten wir einen Ausdruck der zeigt, dass der Wirkungsgrad einer CARNOT-Maschine von der Temperaturdifferenz zwischen den beiden Reservoirs abhängt.

Merke 1 (Wirkungsgrad der Carnot-Maschine)

$$\eta = 1 - \frac{T_K}{T_H} \tag{5.10}$$

Der Wirkungsgrad der CARNOT-Maschine ist charakteristisch für jede mit einem reversiblen Kreisprozess arbeitende Maschine. Man kann sich den Grund hierfür mit einem einfachen Gedankenexperiment klar machen (Atkins 2010): Würde es eine Maschine mit höherer Effizienz als die CARNOT-Maschine geben könnte man diese mit der CARNOT-Maschine so kombinieren, dass man die „Supermaschine" als Wärmekraftmaschine und die CARNOT-Maschine als Wärmepumpe nutzt. Die „Supermaschine" entnimmt dabei Wärme aus dem warmen Reservoir und führt unter Verrichtung von Arbeit W die Wärme $Q_K = Q_K - W$ dem kalten Reservoir zu. Die CARNOT-Maschine mit dem kleineren Wirkungsgrad entnimmt nun Q_K unter kleinerem Arbeitsaufwand (es kann ein Teil der Arbeit der „Supermaschine" verwendet werden) dem kalten Reservoir und pumpt dieses in das heiße Reservoir. Man würde dann mit der Bilanz $Q_K - W - Q_K = -W$ Wärme vollständig in Arbeit umwandeln, was gegen den zweiten Hauptsatz verstoßen würde.

Würde es eine reversibel arbeitende Wärmekraftmaschine mit *geringeren* Wirkungsgrad als die CARNOT-Maschine geben, könnte man wieder das gleiche Gedankenexperiment durchführen. Hier würde man nun die CARNOT-Maschine als Wärmekraftmaschine und die Maschine mit dem kleineren Wirkungsgrad als Wärmepumpe verwenden und erneut gegen den zweiten Hauptsatz verstoßen – jede reversibel in einem Kreisprozess arbeitende Wärmekraftmaschine hat damit maximal den CARNOT-Wirkungsgrad (Curzon 1975). CARNOT schrieb hierzu (Carnot 1824):

Die bewegende Kraft der Wärme ist unabhängig von dem Agens, welches zu ihrer Gewinnung benutzt wird, und ihre Menge wird einzig durch die Temperaturen der Körper bestimmt, zwischen denen in letzter Linie die Überführung des Wärmestoffes stattfindet.

5.4   Kältemaschine

Wir haben schon oben gesehen, dass eine Kältemaschine bzw. Wärmepumpe im Prinzip eine umgekehrt arbeitende CARNOT-Maschine ist. Damit kehren wir also in Abb. 5.1a und 5.2 alle Vorzeichen um und erhalten das Wirkungsprinzip welches in Abb. 5.1b dargestellt ist – wir müssen Arbeit aufwenden um Wärme aus einem kalten in ein warmes Reservoir zu transportieren.

Der Leistungskoeffizient ϵ einer Kältemaschine (wir interessieren uns hier für die aus der Umgebung aufgenommene Wärme Q_K) ergibt sich mit der gleichen Argumentation wir zuvor:

$$\epsilon = \frac{|Q_K|}{|W|} = \frac{T_K}{T_H - T_K}. \qquad (5.11)$$

Der Leistungskoeffizient ϵ ist damit umso größer, je kleiner die Temperaturdifferenz zwischen den Reservoirs ist.

Zustandsfunktionen und Zustandsänderungen

6

Die gesamte Thermodynamik basiert auf der Beschreibung von Prozessen durch Zustandsfunktionen, Zustandsgrößen und Transportgrößen. Nachfolgend möchten wir einige neue Zustandsgrößen einführen.

6.1 Zustandsänderungen

Prozesse können auf verschiedenen Wegen stattfinden, wobei man einige Spezialfälle unterscheidet. Wir haben bereits die Begriffe *isobar* und *isotherm* kennengelernt. Ein Prozess ist dann isobar, wenn der Druck konstant bleibt und dann isotherm, wenn die Temperatur konstant bleibt. Zusätzlich werden wir im weiteren Verlauf noch zwei weitere Spezialfälle benötigen: die *isochore* Zustandsänderung sowie die *adiabate* Zustandänderung. Bei isochoren Prozessen bleibt das Volumen konstant, während bei adiabaten Prozessen kein Wärmeaustausch stattfindet.

Betrachten wir alle Zustandsänderungen im pV-Diagramm (vergleiche Abb. 6.1), erkennen wir, dass sich bei einem isothermen Prozess p und V ändern können. Bei einer isobaren Zustandsänderung sind V und T variabel, während bei einer isochoren Zustandsänderung T und p variabel sind. Bei einer adiabaten Zustandsänderung können sich p, V sowie auch T ändern. In einem späteren Kapitel werden wir zeigen, dass für unendlich viele Freiheitsgrade die Adiabate in die Isotherme übergeht. Adiabten sind steiler als Isothermen.

© Springer Fachmedien Wiesbaden GmbH 2017
K.M. Jablonka, *Grundlagen der Thermodynamik für Studierende der Chemie*, essentials, DOI 10.1007/978-3-658-17021-9_6

Abb. 6.1 Die wichtigsten
Zustandsänderungen am
pV-Diagramm

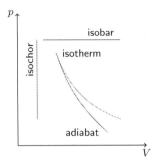

6.2   Innere Energie als totales Differenzial

Die innere Energie ist eine Funktion von Temperatur T, Druck p, Volumen V sowie Stoffmengen n_i im System. Die Funktion, welche die Abhängigkeit der Inneren Energie von diesen Größen beschreibt, wird *kalorische* Zustandsgleichung genannt.

Merke 1 (Kalorische Zustandsgleichung)

$$\mathrm{d}U = \left(\frac{\partial U}{\partial T}\right)_{V,n_i} \mathrm{d}T + \left(\frac{\partial U}{\partial V}\right)_{T,n_i} \mathrm{d}V + \sum_{1}^{k} \left(\frac{\partial U}{\partial n}\right)_{V,T,n\neq k} \mathrm{d}n \qquad (6.1)$$

Die partielle Ableitung nach der Temperatur ist uns schon als Wärmekapazität bekannt. Weiterhin definieren wir die partielle Ableitung nach dem Volumen als den *inneren Druck* Π. Dieser gibt an, wie stark sich die Innere Energie bei Änderung des Volumens ändert.

Merke 2 (Innerer Druck)

$$\Pi = \left(\frac{\partial U}{\partial V}\right)_{T,n_i} \qquad (6.2)$$

6.3 Enthalpie

Für die Änderung der Inneren Energie gilt nach dem ersten Hauptsatz:

$$dU = \delta Q + \delta W. \tag{6.3}$$

Die Arbeit ist hierbei über das Integral von p über dV gegeben. Bei konstanten Volumen – sprich im isochoren Fall – ist damit $W = 0$ und infolgedessen nach dem ersten Hauptsatz $dU = \delta Q$.

Im Labor arbeitet man allerdings nur selten unter isochoren Bedingungen. Viel öfters sind isobare Bedinungen geben. Deshalb wünscht man sich auch hierfür eine Zustandsfunktion, die im isobaren Fall direkt die Wärme beschreibt. Man führt deshalb die *Enthalpie* ein.

Merke 3 (Enthalpie)

$$H = U + pV \tag{6.4}$$

Die Änderung der Enthalpie ist in geschlossenen Systemen bei isobaren Prozessen gleich der mit der Umgebung ausgetauschten Wärmemenge:

$$\Delta H_p = Q_p \tag{6.5}$$

Gl. 6.5 kann leicht nachvollzogen werden, indem man eine infinitesimale Enthalpieänderung betrachtet:

$$
\begin{aligned}
H + dH &= (U + dU) + (p + dp)(V + dV) \\
&= U + dU + pV + dpV + dpdV.
\end{aligned}
\tag{6.6}
$$

Bei isobaren Bedingungen ist $dp = 0$. Damit ergibt sich:

$$
\begin{aligned}
H + dH &= U + dU + pV + pdV \\
&= \delta Q + \delta W + H + pdV.
\end{aligned}
\tag{6.7}
$$

Betrachten wir Volumenarbeit, so gilt $\delta W = -pdV$, womit sich nun die Gleichung zu

$$dH = \delta Q - pdV + pdV = \delta Q \tag{6.8}$$

vereinfacht.

6.4   Wärmekapazität bei konstantem Druck

Auch für die Enthalpie gibt es eine Temperaturabhängigkeit. Diese wird durch C_p, die Wärmekapazität bei konstantem Druck, beschrieben.

Merke 4 (Wärmekapazität bei konstantem Druck)

$$C_p = \left(\frac{dH}{dT}\right)_p = \left(\frac{\delta Q}{dT}\right)_p \qquad (6.9)$$

Zwischen der isochoren und der isobaren Wärmekapazität gibt es für Ideale Gase einen interessanten Zusammenhang über die universelle Gaskonstante:

$$C_{p,m} - C_{V,m} = R. \qquad (6.10)$$

Die Grundaussage von Gl. 6.10 überrascht nicht: bei isobaren Prozess muss die Temperatur langsamer ansteigen, da ein Teil der zugeführten Energie für Expansion genutzt wird. Bei isochoren Prozessen ist dies nicht der Fall, weshalb bei isochoren Prozessen ein stärkerer Temperaturanstieg festzustellen ist.

Thermochemie 7

7.1 Bildungsenthalpien

Die sogenannte Standardbildungsenthalpie $\Delta_B H^\circ$ ist die Enthalpie für die Bildungsreaktion aus dem Elementen in ihrem stabilsten Zustand bei 1 bar und der angegeben Temperatur. Das hochgestellte $\circ$ kennzeichnet, dass wir uns auf den Standardzustand beziehen (Lide 2004).

Für Kohlenstoff ist der thermodynamisch stabilste Zustand Grafit, für Stickstoff das N_2-Molekül und für Zinn beispielsweise die weiße metallische Form.

Die Reaktionsenthalpie ist definiert als die Differenz der Summe der Bildungsenthalpien der Produkte und der Summe der Bildungsenthalpien der Edukte, also:

$$\Delta_R H = \sum \Delta_B H (\text{Produkte}) - \sum \Delta_B H (\text{Edukte}). \qquad (7.1)$$

Nach der Definition der Bildungsenthalpie als die Enthalpie der Bildungsreaktion aus dem Elementen in ihrem stabilsten Zustand ergibt sich für die triviale Reaktion $C(s) \rightarrow C(s)$ die Bildungsenthalpie $\Delta_B H^\circ = 0$.

Die Bildungsenthalpie für die Elemente in ihrem stabilsten Zustand ist damit gleich null.

Merke 1 (Standardbildungsenthalpien)
Standardbildungsenthalpien $\Delta_B H^\circ$ sind definiert für die Bildung aus den Elementen im stabilsten Zustand bei Standardbedingungen.

Für Elemente in ihrem stabilsten Zustand ist die Standardbildungsenthalpie gleich null.

© Springer Fachmedien Wiesbaden GmbH 2017
K.M. Jablonka, *Grundlagen der Thermodynamik für Studierende der Chemie, essentials*, DOI 10.1007/978-3-658-17021-9_7

Besonders in der organischen Chemie verwendet man gerne mittlere Bindungsenthalpien um Reaktionsenthalpien abzuschätzen. Hierbei bildet man einfach die Differenz der mittleren Bindungsenthalpien der Produkte und die der Edukte. Mittlere
Bindungsenthalpien beziehen sich auf Durchschnittswerte von Dissoziationsenthal-
pien der Bindung in einem Molekül. Diese Methode ist eine Näherung, da Effekte
wie Solvatation, Ringspannung oder Resonanz nicht berücksichtigt werden.

7.2   Satz von Hess

Die Enthalpie ist eine Zustandsfunktion, die Enthalpiedifferenz eines Prozesses ist
damit wegunabhängig.

Für eine Reaktion bedeutet dies, dass der Reaktionswegsweg für die Gesamtreak-
tionsenthalpie nicht entscheidend ist. Für verschiedene Reaktionswege (dies können
auch hypothetische sein) erhält man damit gleiche Reaktionsenthalpien (Hess 1840).

Betrachtet man beispielsweise die Oxidation von grafitischem Kohlenstoff mit
Sauerstoff zu Kohlenstoffdioxid spielt es damit keine Rolle, ob man zunächst bis
zum Kohlenstoffmonoxid oxidiert und dann weiter zu Kohlenstoffdioxid oxidiert
($C + 1/2\,O_2 \rightarrow CO$ dann $CO + 1/2\,O_2 \rightarrow CO_2$) oder ob man direkt bis zum
Kohlenstoffdioxid oxidiert ($C + O_2 \rightarrow CO_2$).

Komplexe Reaktionen können damit (formal) in einfachere Teilreaktionen zerlegt werden, von denen man die Reaktionsenthalpie kennt um somit die Gesamtre-
aktionsenthalpie zu bestimmen.

7.3   Kirchhoffscher Satz

Wie auch die Innere Energie ist die Enthalpie temperaturabhängig. Diese Temperaturabhängigkeit wird auch hier über die Wärmekapazität beschrieben. Möchten
wird die Enthalpiedifferenz zwischen zwei verschiedenen Temperaturen (in einem
Bereich ohne Phasenübergang) berechnen, können wir Gl. 6.9 integrieren und erhalten:

$$H(T_2) - H(T_1) = \int_{T_1}^{T_2} C_p(T)\,\mathrm{d}T. \tag{7.2}$$

Betrachten wir nun die Änderung von Reaktionsenthalpien, so ergibt sich der sogenannte KIRCHHOFFsche Satz (Kirchhoff 1858):

Merke 2 (Kirchhoffscher Satz)

$$\Delta_R H(T_2) = \Delta_R H(T_1) + \int_{T_1}^{T_2} \Delta_R C_p(T)\, dT \qquad (7.3)$$

$\Delta_R C_p$ *ist hierbei die Änderung der Wärmekapazität im Laufe der Reaktion, also*

$$\Delta_R C_p = \sum_{1}^{k} v_i C_{p,i}(T) \qquad (7.4)$$

Wobei v_i die stöchiometrischen Faktoren sind.

Streng genommen ist auch die Wärmekapazität temperaturabhängig (vgl. voriges Kapitel). Auf kleinen Temperaturintervallen wird dies meist vernachlässigt, bei großen Temperaturdifferenzen ist diese Vereinfachung meist nicht mehr zulässig. Man verwendet deshalb die empirisch ermittelte Temperaturabhängigkeit über eine Entwicklung nach T (vgl. Gl. 3.14). Man betrachtet dann die Differenzen der Entwicklungskoeffizienten und integriert anschließend die Entwicklungsgleichung.

Bei Phasenübergängen muss beachtet werden, dass sich hierbei die Wärmekapazität ändert. Der Prozess muss hier deshalb in Einzelschritte zerlegt werden.

7.4 Kalorimetrie

Die experimentelle Methode, bei der der Wärmetransport zwischen System und Umgebung gemessen wird, nennt man *Kalorimetrie*.

Der einfachste Aufbau ist ein adiabatisches Kalorimeter. Hierbei wird über die Messung der Temperaturänderung die als Wärme übertragene Energie Q bestimmt. Um adiabatische Bedingungen zu gewährleisten, wird die Temperatur der Umgebung (dies ist meist ein Wasserbad) immer an die Temperatur des Systems angeglichen (also an die Temperatur in der Kalorimeterzelle). Da Wärme Energie ist, die aufgrund eines Temperaturgradienten fließt, ist kein Wärmeaustausch vorhanden wenn $T_{\text{System}} = T_{\text{Umgebung}}$.

Ein sogenanntes *Bombenkalorimeter* arbeitet bei konstantem Druck. Damit kann bei bekannter Wärmekapazität sofort auf die Änderung der Inneren Energie geschlossen werden:

$$\Delta U = n \cdot C_{V,\mathrm{m}} \cdot \Delta T. \qquad (7.5)$$

Die Wärmekapazität muss zuvor durch Referenzmessungen bestimmt werden. Praktisch wird dies oft so gemacht, dass man über einen Heizwiderstand eine bekannte Wärmemenge zuführt, die Temperaturerhöhung misst und dann daraus die Wärmekapazität bestimmt (Wilhoit 1967).

Eine modernere Methode ist die sogenannte *Dynamische-Differenz-Kalorimetrie* (DSC). Hierbei ist das besondere, dass der Wärmetransfer mit einer Referenzsubstanz – welche sich während der Analyse weder physikalisch noch chemisch verändert – verglichen wird. Beide Kammern werden konstant beheizt. Findet nun ein chemischer oder physikalischer Prozess mit Wärmetönung statt, muss zusätzlich geheizt werden, um beide Kammern auf gleiche Temperatur zu bringen. Dies wird als Peak im sogenannten *Thermogramm* deutlich, in welchem der Wärmestrom gegen die Temperatur aufgetragen wird (Noble 1995).

7.5   Freie Energie

Nun werden wir eine neue Zustandsfunktion einführen, die uns ohne explizite Diskussion der Entropieänderung des Universums Aussagen über die Spontanität eines Prozesses erlaubt.

Betrachten wir zunächst einen Prozess bei konstantem Volumen und konstanter Temperatur. Da das Volumen konstant bleibt, ergibt sich für eine differenzielle Änderung der Inneren Energie nach dem ersten Hauptsatz:

$$\mathrm{d}U = \delta Q. \tag{7.6}$$

Ersetzen wir nun δQ durch die CLAUSIUSsche Ungleichung, erhalten wir:

$$\mathrm{d}U \leq T\,\mathrm{d}S \Leftrightarrow \mathrm{d}U - T\,\mathrm{d}S \leq 0. \tag{7.7}$$

Mit der Definition von

$$A = U - TS \tag{7.8}$$

wird Gl. 7.7 zu:

$$\mathrm{d}A \leq 0. \tag{7.9}$$

Die Freie Energie A, die auch HELMHOLTZ-Energie genannt wird (in der Literatur findet man häufig auch das Zeichen F für die Freie Energie), liefert uns damit ein Kriterium für die Spontanität von Prozessen bei konstanten Volumen und konstanter Temperatur. Im Laufe eine Reaktion wird A ein Minimum anstreben. Im Gleichgewicht ist $\mathrm{d}A = 0$ (Raff 2014).

Ein Prozess findet nicht spontan statt um seine Innere Energie zu minimieren! Prozesse sind dann spontan, wenn die Entropie des Universums größer wird. Dies ist auch die Aussage der HELMHOLTZ-Energie. dS gibt die Entropieänderung des Systems an, $-dU/T$ die Entropieänderung der Umgebung. Der Zweck der Zustandsfunktion A ist es, Aussagen über die Spontanität allein mithilfe von Größen des Systems zu machen. Kriterium für die Spontanität ist allerdings immer noch die Zunahme der Entropie des Universums.

Eine interessante Eigenschaft der HELMHOLTZ-Energie ist es, dass sie die maximale Arbeit bei konstanter Temperatur angibt. Betrachten wir die Änderung der Freien Energie, so können wir ΔS für einen reversiblen Prozess durch die Definition der Entropie ersetzen:

$$\Delta A = \Delta U - T \Delta S = \Delta U - Q_{\text{rev}} = W_{\text{rev}}. \qquad (7.10)$$

Im letzten Schritt haben wir hierbei erneut den ersten Hauptsatz genutzt. Die reversible Arbeit ist die maximale Arbeit (Prozesse wie Reibung würden zu einem irreversiblen Prozess führen, bei dem das System nicht zu jedem Zeitpunkt mit der Umgebung im Gleichgewicht steht). Die Änderung der HELMHOLTZ-Energie gibt damit die maximale Arbeit an.

Die HELMHOLTZ-Energie kann also so interpretiert werden, dass A der Anteil der Inneren Energie ist, von dem die Energie, die in ungeordneter Bewegung steckt (TS) abgezogen wird.

7.6 Freie Enthalpie

Da die meisten Prozesse allerdings bei konstantem Druck stattfinden, hätten wir gerne eine Zustandsfunktion wie die HELMHOLTZ-Energie, die uns auch hier erlaubt allein mit Größen des System Aussagen über die Spontanität zu machen.

Hierfür führen wir die Argumentation, die wir für die freie Energie durchgeführt haben, nochmals für isobare Bedingungen durch.

Wir betrachten erneut den ersten Hauptsatz und setzen nun die CLAUSIUS-Ungleichung ein und erhalten damit nun für isobare Bedingungen:

$$dH \leq T dS \Leftrightarrow dH - T dS \leq 0. \qquad (7.11)$$

Analog zur freien Energie definieren wir nun eine Zustandsfunktion, die wir Freie Enthalpie G – oder auch GIBBS-Energie – nennen.

Merke 3 (Freie Enthalpie)

$$G = H - TS \qquad (7.12)$$

Mit der Freien Enthalpie und der Freien Energie haben wir damit zwei Zustandsfunktionen, die es uns möglich machen allein mit Größen des Systems Aussagen über Spontanität von Prozessen zu machen.

Man kann zeigen, dass die Freie Enthalpie die *maximale Nichtvolumenarbeit* (also beispielsweise elektrische Arbeit) angibt. Die Enthalpie lässt sich differenziell als

$$dH = \delta Q + \delta W + d(pV) \qquad (7.13)$$

schreiben. Für die freie Enthalpie ergibt sich damit

$$dG = \delta Q + \delta W + d(pV) - d(TS). \qquad (7.14)$$

Für einen isothermen Prozess (wir haben die Freie Enthalpie für isotherme Bedingungen definiert) ergibt sich:

$$dG = \delta Q + \delta W + d(pV) - Td(S). \qquad (7.15)$$

Wobei wir für einen reversiblen Prozess wieder vereinfachen können, indem wir $\delta Q_{rev} = TdS$ schreiben können (wir haben die thermodynamische Definition der Entropie angewendet). Weiterhin können wir die Arbeit δW in Volumenarbeit $-pdV$ und zusätzliche Arbeit $W_{z, rev}$ aufteilen. Damit ergibt sich:

$$dG = (-pdV + \delta W_{z, rev}) + pdV + Vdp. \qquad (7.16)$$

Da wir die Freie Enthalpie für isobare Prozesse betrachten, ist $dp = 0$ und es ergibt sich:

$$dG = \delta W_{z, rev}. \qquad (7.17)$$

Die Freie Enthalpie G gibt damit die maximale Nichtvolumenarbeit an.

7.7 Charakteristische Funktionen und Guggenheim-Schema

Wir haben schon zuvor die Fundamentalgleichung

$$dU = TdS - pdV \qquad (7.18)$$

kennengelernt, die den ersten Hauptsatz mit dem zweiten Hauptsatz kombiniert. Ersetzt man nun in der differenziellen Schreibweise der Definition der Enthalpie das dU durch die Fundamentalgleichung, so erhält man:

$$dH = TdS + Vdp. \tag{7.19}$$

Führt man dies für die Freie Energie A durch, ergibt sich:

$$dA = -SdT - pdV, \tag{7.20}$$

und entsprechend für die Freie Enthalpie:

$$dG = -SdT + Vdp. \tag{7.21}$$

BORN entwickelte nun ein Merkschema für Beziehungen zwischen dieses Größen. Das zentrale Element dieses Merkschemas ist das sogenannte GUGGENHEIM-Quadrat (Callen 1985; Koenig 1935). Man kann es sich mithilfe eines Merkspruches (beispielsweise „**S**uv (sprich „Suff") **h**ilft **a**llen **P**hysikern bei **g**roßen **T**aten") gut merken.

$$
\begin{array}{ccc}
 & S \ U \ V & \\
+H & & A- \\
 & p \ G \ T &
\end{array}
$$

Hierbei sind die abhängigen Variablen von den unabhängigen Variablen umgeben. Die Innere Energie U ist nach der Fundamentalgleichung abhängig von S und V und ist deshalb von diesen Variablen umgeben. Die Variablen in der linken Spalte tauchen hierbei mit positiven, die in der rechten Spalte mit negativen Vorzeichen auf.

Nützlicher ist das Schema aber um sich häufigsten Differenzialquotienten zu merken. Die wichtigsten Differenzialquotienten sind nachfolgend aufgeführt:

$$
\begin{aligned}
T &= \left(\frac{\partial U}{\partial S}\right)_V = \left(\frac{\partial H}{\partial S}\right)_p \\
p &= -\left(\frac{\partial U}{\partial V}\right)_S = -\left(\frac{\partial A}{\partial V}\right)_T \\
S &= -\left(\frac{\partial A}{\partial T}\right)_V = -\left(\frac{\partial G}{\partial T}\right)_p \\
V &= -\left(\frac{\partial H}{\partial p}\right)_S = \left(\frac{\partial G}{\partial p}\right)_T
\end{aligned} \tag{7.22}
$$

Die Differenzialquotienten ergeben sich hierbei indem man eine Größe in einer Ecke eines Quadrates auswählt. Das diagonal gegenüberliegende Symbol ergibt den Nenner der Ableitung, die Größen neben dem Nenner bilden jeweils den Zähler. Die jeweils benachbarte Größe bleibt konstant und wird deshalb an den Rand der Klammer geschrieben. Für die Temperatur ergibt sich damit die Entropie als Nenner und Enthalpie sowie Innere Energie als mögliche Zähler und damit V beziehungsweise p als Größe, die konstant bleiben muss.

Die Differenzialquotienten wirken vielleicht zunächst recht theoretisch, liefern uns aber bedeutende Aussagen über die Temperatur- oder Druckabhängigkeit von Zustandsfunktionen. Die gesamte klassische Thermodynamik basiert im Prinzip auf Differenzialquotienten.

Wichtig sind auch die sogenannten MAXWELL-Relationen (Wedler und Freud 2012). Sucht man also die zugehörige Relation zu $(\partial V/\partial T)_p$ schaut man einfach auf die in die Ecken, die die gegenüberliegende Seite des Quadrates begrenzen, diese bilden als Differenzialquotient geschrieben dann die gesuchte MAXWELL-Relation:

$$-\left(\frac{\partial S}{\partial p}\right)_T = \left(\frac{\partial V}{\partial T}\right)_p. \tag{7.23}$$

Wobei die konstant gehaltene Größe stets im Nenner des anderen Differenzialquotienten steht.

7.8   Gibbsche Fundamentalgleichungen

Als Chemiker betrachten wir allerdings nur selten Systeme, in denen keine Reaktionen ablaufen. Meist sind wir an Systemen interessiert, in denen Reaktionen ablaufen – bei denen sich also die Stoffmenge ändern kann. Wir müssen die zwei Zustandsfunktionen A und G also noch um eine Abhängigkeit von der Stoffmenge erweitern. Tut man dies, erhält man für die totalen Differenziale:

$$dA = \left(\frac{\partial A}{\partial T}\right)_{V,n} dT + \left(\frac{\partial A}{\partial V}\right)_{T,n} dV + \sum_1^k \left(\frac{\partial A}{\partial n_i}\right)_{T,V,n_{j\neq i}} dn_i \tag{7.24}$$

sowie

$$dG = \left(\frac{\partial G}{\partial T}\right)_{V,n} dT + \left(\frac{\partial G}{\partial V}\right)_{T,n} dV + \sum_1^k \left(\frac{\partial G}{\partial n_i}\right)_{T,V,n_{j\neq i}} dn_i. \tag{7.25}$$

Um diese Gleichungen zu vereinfachen, führen wir eine neue Größe ein: das sogenannte *chemische Potenzial*. Es gibt an, wie stark sich die Freie Enthalpie beziehungsweise die Freie Energie eines Systemes bei Änderung der Stoffmenge verändert.

Das chemische Potenzial entspricht hierbei so etwas wie dem elektrischen Potenzial oder jedem anderen Potenzial in der Physik. Wie Strom unter dem elektrischen
Potenzial fließt, geht ein Stoff *spontan* aus Gebieten höheren chemischen Potenzials
in Gebiete niedrigen chemischen Potenzials. Der Fall $dG > 0$ ist damit nicht möglich: ein Stoff geht *nicht* spontan von einem Gebiet niedrigen chemischen Potenzials
zu einem höheren chemischen Potenzial.

Merke 4 (Chemisches Potenzial)

$$\left(\frac{\partial A}{\partial n_i}\right)_{T,V,n_{j\neq i}} = \left(\frac{\partial G}{\partial n_i}\right)_{T,p,n_{j\neq i}} = \mu_i \qquad (7.26)$$

Mit dem chemischen Potenzial lässt sich auch ganz einfach der Ausdruck für die
Freie Reaktionsenthalpie aufschreiben.

Merke 5 (Freie Reaktionsenthalpie)

$$(\Delta G)_{p,T} = \left(\frac{\partial G}{\partial \xi}\right)_{p,T} = \sum v_i \mu_i \qquad (7.27)$$

*Wobei ξ die sogenannte Reaktionslaufzahl ist, die den Reaktionsfortgang be-
schreibt.*

$$d\xi = \frac{dn_i}{v_i} \qquad (7.28)$$

mit den stöchiometrischen Koeffizienten v_i.

Verwendet man nun die Differenzialquotienten aus den GUGGENHEIM-Quadrat
und das chemische Potenzial in Gl. 7.24 sowie 7.25 erhält man die sogenannten
GIBBSCHEN Fundamentalgleichungen (Wedler und Freud 2012):

Merke 6 (Gibbsche Fundamentalgleichungen)

$$dA = -SdT - pdV + \sum \mu_o dn_i$$
$$dG = -SdT + Vdp + \sum \mu_o dn_i \tag{7.29}$$

Diese Gleichungen (Merke 6) gelten im Gegensatz zu den bisher vorgestellten charakteristischen Gleichungen auch für *offene Systeme*.

Die Differenzialquotienten haben uns schon bei der Vereinfachung der Gibbsschen Fundamentalgleichungen geholfen. Abschließend möchten wir noch die Temperaturabhängigkeit von $\left(\frac{\partial G}{\partial T}\right)$ betrachten. Wir tun dies, da die Gleichgewichtskonstante von G/T abhängt.

Das GUGGENHEIM-Quadrat sowie die Definition der Freien Enthalpie ($G = H - TS$) liefern uns:

$$\left(\frac{\partial G}{\partial T}\right)_p = -S = \frac{G - H}{T}. \tag{7.30}$$

Leiten wir nun Gl. 7.30 nach T ab, erhalten wir die sogenannte GIBBS-HELMHOLTZ Gleichung (Jenkins 2008).

Merke 7 (Gibbs-Helmholtz-Gleichung)

$$\left(\frac{(G/T)_p}{\partial T}\right) = -\frac{H}{T^2} \tag{7.31}$$

Bei einer bekannten Enthalpie ist damit die Temperaturabhängigkeit von G/T bekannt.

Ideales Gas

8

8.1 Das Modell des Idealen Gases

Beim Idealen Gas nimmt man an, dass es sich bei den einzelnen Teilchen im Gas um *ausdehnungslose* Massepunkte handelt, die *keine Kräfte aufeinander* ausüben. Da per Definition keine intermolekularen Kräfte wirken, ist die Innere Energie nur eine Funktion der Temperatur und nicht des Volumens oder Druckes. In guter Näherung kann beispielsweise Helium bei Raumtemperatur als Ideales Gas angesehen werden.

8.2 Gasgesetze

Die Gasgesetze fassen mathematisch zusammen, was wir oft intuitiv für richtig halten würden. Es handelt sich hierbei um experimentelle Beobachtungen, die streng genommen nur für Ideale Gase gelten. Zusammengefasst ermöglichen sie die Formulierung des idealen Gasgesetzes.

AVOGADRO veröffentlichte 1811 seine These, dass gleiche Stoffmengen von Gasen gleiche Volumina benötigen (Avogadro 1811). Allerdings wurde diese erst nach seinem Tod wieder aufgegriffen. Zu seinem Ehren benannte man die Konstante N_A Gesetz von Boyle-Mariotte nach ihm.

> **Merke 1 (Satz von AVOGADRO)** *Gleiche Volumina an Gasen beinhalten die gleiche Anzahl an Molekülen.*
>
> $$n \propto V \qquad (8.1)$$

© Springer Fachmedien Wiesbaden GmbH 2017
K.M. Jablonka, *Grundlagen der Thermodynamik für Studierende der Chemie,* essentials, DOI 10.1007/978-3-658-17021-9_8

Merke 2 AVOGADRO-*Zahl:* $N_A = 6.022 \times 10^{23}$ mol^{-1}. *Die* AVOGADRO-*Zahl gibt damit an, wie viele Teilchen in einem Mol eines Stoffes enthalten sind. Die Masse von* 6.022×10^{23} ^{12}C-*Atomen ist exakt* 12 g.

Erhöht man in einem isothermen Prozess den Druck, verringert sich hierbei das Volumen. Der Druck ist damit umgekehrt proportional zum Druck. Dies ist als Gesetz von BOYLE-MARIOTTE bekannt (Boyle 1662).

Merke 3   (Gesetz von Boyle-Mariotte)

$$p \propto \frac{1}{V} \tag{8.2}$$

für isotherme Prozesse.

Das Gesetz von GAY-LUSSAC beschreibt, dass im isobaren Fall das Volumen proportional zur Temperatur ist (Gay-Lussac 1802).

Merke 4   (Gesetz von Gay-Lussac)

$$V \propto T \tag{8.3}$$

Vielfach wird dieser Zusammenhang genutzt um zu begründen, dass es eine tiefste Temperatur gibt. Man stellt nämlich fest, dass alle Geraden $V(T)$ oder auch $p(T)$ auf das gleiche Volumen extrapolieren (vergleiche Abb. 8.1). Da negative Volumina und Drücke physikalisch nicht sinnvoll sind, folgert man daraus, dass es keine negative Temperaturen geben kann.

8.3   Das Ideale Gasgesetz

Merke 5   (Ideale Gasgleichung) *Kombiniert man alle experimentellen Beobachtungen aus den Gasgesetzen, erhält man das Ideale Gasgesetz (Clapeyron 1834; Clausius 1857; Kronig 1856):*

Abb. 8.1 Verschiedene
Drücke extrapolieren nach
GAY-LUSSAC auf das
gleiche Volumen

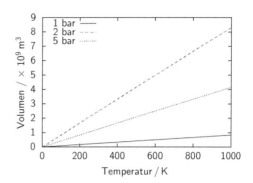

$$p \cdot V = n \cdot R \cdot T \tag{8.4}$$

wobei $R = 8.314\,\mathrm{J\,mol^{-1}K^{-1}}$ die universelle Gaskonstante ist.

Für Anwendungen in der Spektroskopie oder in anderen Gebieten der Physik, in denen üblicherweise nicht mit Stoffmengen gerechnet wird, verwendet man eine Formulierung über die BOLTZMANN-Konstante k_B und die Teilchenanzahl N:

$$p \cdot V = N \cdot k_B \cdot T. \tag{8.5}$$

Damit ist klar, dass die AVOGADRO-Zahl über

$$k_B = \frac{R}{N_A} \tag{8.6}$$

mit der universellen Gaskonstante und der BOLTZMANN-Konstante zusammenhängt.

8.4 Ideales Gasgemisch

Bisher haben wir die Gasgleichungen nur für reine Stoffe betrachtet. Allerdings möchte man in der Realität auch Gasmischungen beschreiben.

Da ein Ideales Gas kein Eigenvolumen hat und auch keine Wechselwirkungen zeigt, setzt sich das Gesamtvolumen V aus den Einzelvolumina V_i zusammen:

$$V = V_1 + V_2 + V_3 + \cdots + V_k = \sum_1^k n_j \cdot V_i. \qquad (8.7)$$

Ersetzt man nun V_i durch die Ideale Gasgleichung erhält man:

$$V = \sum_1^k n_i \cdot \frac{RT}{p}. \qquad (8.8)$$

Multipliziert man nun die Gleichung mit dem Druck p unter dem die Gasmischung steht und dividiert dann durch V erhält man das sogenannte DALTONsche Gesetz (Dalton 1801).

Merke 6 (DALTONsches Gesetz)

$$p = \sum_1^k n_i \frac{RT}{V} = \sum_1^k p_i \qquad (8.9)$$

Für ein Ideales Gas ist der Gesamtdruck die Summe der Partitialdrücke p_i. Der Partitialdruck ist der Druck, den das Gas i annehmen würde, wenn ihm das Gesamtvolumen zur Verfügung stehen würde.

Für das Ideale Gas liefert das Verhältnis von Partitialdruck zu Gesamtdruck den Molenbruch x_i der Komponente, welcher der Quotient aus Stoffmenge n_i der Komponente i und Gesamtstoffmenge ist:

$$\frac{p_i}{p} = \frac{n_i\,RT\,V^{-1}}{\sum_1^k n_i\,RT\,V^{-1}} = \frac{n_i}{\sum_1^k n_i} = x_i. \qquad (8.10)$$

8.5   Zustandsänderungen beim idealen Gas

Da beim Idealen Gas davon ausgegangen wird, dass zwischenmolekulare Kräfte nicht wirken, ist die Innere Energie allein eine Funktion der kinetischen Energie und damit der Temperatur. Da die Temperatur im *isothermen Fall* per Definition konstant bleibt, ist auch die Innere Energie konstant, es gilt also:

$$\Delta U = 0. \tag{8.11}$$

Für die Volumenarbeit haben wir die allgemeine Definition

$$W = - \int_{V_1}^{V_2} p\,\mathrm{d}V \tag{8.12}$$

kennengelernt. Im Falle der isothermen Zustandsänderung ist der Druck allerdings eine Funktion des Volumens, weshalb dieser explizit über den Druck ausgedrückt werden muss um das Integral zu lösen. Deshalb setzen wir für den Druck das Ideale Gasgesetz ein:

$$
\begin{aligned}
W &= - \int_{V_1}^{V_2} \frac{nRT}{V}\,\mathrm{d}V = -nRT \int_{V_1}^{V_2} \frac{1}{V}\,\mathrm{d}V \\
&= -nRT \left(\ln V_2 - \ln V_1 \right) = -nRT \ln \left(\frac{V_2}{V_1} \right).
\end{aligned}
\tag{8.13}
$$

Wobei wir genutzt haben, dass n, R und T konstant sind und deshalb vor das Integral gezogen werden dürfen. Weiterhin haben wir im letzten Schritt das Logarithmusgesetz $\ln a - \ln b = \ln \frac{a}{b}$ genutzt.

Die Wärme ergibt sich nun über den ersten Hauptsatz. Laut diesem ist ΔU die Summe aus Energie die als Arbeit W und als Wärme Q übertragen wird. Da nach Gl. 8.11 die Änderung der Inneren Energie für einen isothermen Prozess null ist (Innere Energie beim Idealen Gas ist nur von der Temperatur abhängig), ergibt sich für die Energie, die in Form von Wärme übertragen wird:

$$\Delta U = 0 = Q + W \Leftrightarrow Q = -W. \tag{8.14}$$

Die Änderung der Entropie ΔS ist thermodynamisch über den Quotienten aus Energie, die in Form von Wärme Q_{rev} übertragen wird, und der Temperatur T definiert. Für den isothermen Prozess ist uns mit Gl. 8.13 sowie 8.14 der Zusammenhang für die Wärme, die bei isothermen Prozessen übertragen wird, bekannt. Damit können wir schreiben:

$$\Delta S = \frac{Q_{\mathrm{rev}}}{T} = \frac{nRT \ln \left(\frac{V_2}{V_1} \right)}{T} = nR \ln \left(\frac{V_2}{V_1} \right). \tag{8.15}$$

Für *isobare Prozesse* bietet es sich an, die Diskussion zunächst mit einer Größe zu beginnen, die explizit vom Druck abhängt. Dies ist beispielsweise bei der Arbeit der Fall. Da der Druck konstant ist, kann dieser vor das Arbeitsintegral gezogen werden und es ergibt sich:

$$W = - \int_{V_1}^{V_2} p\,dV = -p\Delta V. \tag{8.16}$$

Da sich im isobaren Fall die Temperatur ändern kann, ist $\Delta U \neq 0$. Wir können deswegen im isobaren Fall die Wärme nicht direkt über die Arbeit ausdrücken, sondern müssen einen anderen Zusammenhang für die Energie, die als Wärme übertragen wird, finden. Denken wir an das vorige Kapitel, fällt uns auf, dass wir dort für die Definition von C_p die Wärme und die Temperaturänderung verwendet haben. Einfaches Umstellen der Gleichung liefert:

$$Q = n \cdot C_{p,\mathrm{m}} \cdot \Delta T. \tag{8.17}$$

Die Änderung der Inneren Energie ergibt sich aus dem ersten Hauptsatz:

$$\Delta U = Q + W. \tag{8.18}$$

Wir wissen, dass bei isobaren Prozessen die Wärme Q gleich der Enthalpieänderung ΔH ist. Um nun einen Zusammenhang für die Entropie zu erhalten, drücken wir die Definition der Enthalpie als Differenzial aus und setzen dann die Fundamentalgleichung der Thermodynamik ein (Gl. 4.14: $dU = T\,dS - p\,dV$):

$$\begin{aligned} dH &= dU + p\,dV + V\,dp \\ &= T\,dS - p\,dV + p\,dV + V\,dp \\ &= T\,dS + V\,dp. \end{aligned} \tag{8.19}$$

Für den isobaren Fall gilt $V\,dp = 0$. Umgestellt nach dS ergibt sich damit:

$$dS = \frac{\delta Q}{T} = \frac{nC_{p,\mathrm{m}}dT}{T}. \tag{8.20}$$

Wobei schon genutzt wurde, dass im isobaren Fall $\Delta H = Q$. Darüber hinaus haben wir auch schon die Definition der isobaren Wärmekapazität für δQ eingesetzt. Integriert man nun Gl. 8.20 erhält man:

$$\Delta S = nC_{p,\mathrm{m}} \int_{T_1}^{T_2} \frac{dT}{T} = nC_{p,\mathrm{m}} \ln\left(\frac{T_2}{T_1}\right). \tag{8.21}$$

Wie bei der isobaren Zustandsänderung möchten wir die Diskussion der *isochoren Zustandsänderung* ebenfalls mit der Arbeit beginnen. Das Arbeitsintegral ist über ein differenzielles Volumenelement definiert. Da beim isochoren Prozess per

Definition das Volumen konstant ist, kann keine Energie in Form von Volumenarbeit übertragen werden:

$$W = -\int_{V_1}^{V_2} p\,dV = 0. \tag{8.22}$$

Auch die Wärme können wir wie im isobaren Fall über die Wärmekapazität ausdrücken – nun über $C_{V,\mathrm{m}}$, die Wärmekapazität bei konstantem Volumen:

$$Q = nC_{V,\mathrm{m}}\Delta T. \tag{8.23}$$

Nach dem ersten Hauptsatz ergibt sich damit für die Änderung der Inneren Energie:

$$\Delta U = Q + W = Q = nC_{V,\mathrm{m}}\Delta T. \tag{8.24}$$

Auch die Entropieänderung lässt sich beim isochoren Prozess in Analogie zum isobaren Prozess herleiten. Wir nehmen nun den Weg über die thermodynamische Definition der Entropie und setzen dort unseren Ausdruck für die Energie, die in Form von Wärme Q übertragen wird, ein und integrieren dann nach T:

$$\Delta S = nC_{V,\mathrm{m}} \int_{T_1}^{T_1} \frac{dT}{T} = nC_{V,\mathrm{m}} \ln\left(\frac{T_2}{T_1}\right). \tag{8.25}$$

Für adiabate Prozesse bietet es sich an, zunächst mit der Änderung der Inneren Energie zu beginnen.

Nach dem ersten Hauptsatz gilt hierfür:

$$\Delta U = W_{\mathrm{ad}}. \tag{8.26}$$

Die adiabatische Arbeit W_{ad} ist also gleich der Änderung der Inneren Energie. Für ein tieferes Verständnis lohnt es sich hier, die Innere Energie als eine Funktion der Freiheitsgrade auszudrücken. Im Kapitel über die Hauptsätze haben wir diskutiert, dass die Innere Energie eines Idealen Gases sich als Produkt der effektiven Freiheitsgraden (Schwingungen zählen hier doppelt, da sie kinetische und potenzielle Energie speichern können) mit $\frac{R}{2}T$ berechnen lässt. Weiterhin wissen wir aus demselben Kapitel, dass wir für die Volumenarbeit $\delta W = -p\,dV$ schreiben können. Damit können wir Gl. 8.26 umschreiben:

$$-p\,dV = FG_{\mathrm{eff}} \cdot \frac{R}{2} \cdot dT. \tag{8.27}$$

Diese Differenzialgleichung lässt sich durch Separation der Variablen lösen:

$$\int_{T_1}^{T_2} \frac{dT}{T} = -\frac{2}{F G_{\text{eff}}} \int_{V_1}^{V_2} \frac{dV}{V}$$

$$\ln\left(\frac{T_2}{T_1}\right) = \ln\left(\frac{V_2}{V_1}\right)^{-\frac{2}{F G_{\text{eff}}}} \qquad (8.28)$$

$$\frac{T_2}{T_1} = \left(\frac{V_1}{V_2}\right)^{\frac{2}{F G_{\text{eff}}}}.$$

Wir haben hierbei genutzt, dass $\ln a^b = b \ln a$ und $a^{-1} = \frac{1}{a}$ ist und dass die Logarithmen gleich sind, wenn die Argumente gleich sind.

Um einem Zusammenhang zwischen p und V zu erhalten und somit den Kurvenverlauf der Adiabaten im pV-Diagramm zu erklären setzen wir das Ideale Gasgesetz ein.

Wir können also schreiben:

$$\frac{T_2}{T_1} = \frac{p_2 V_2}{p_1 V_1} = \left(\frac{V_1}{V_2}\right)^{\frac{2}{F G_{\text{eff}}}}$$

$$\frac{p_2}{p_2} = \left(\frac{V_1}{V_2}\right)^{\frac{2}{F G_{\text{eff}}} + 1}. \qquad (8.29)$$

Die Adiabate verläuft damit steiler als die Isotherme (vgl. mit dem Gesetz von BOYLE-MARIOTTE, Gl. 8.2). Für sehr viele Freiheitsgrade (also ein unendlich großes Wasserbad) geht die Adiabate in eine Isotherme über.

Der Term $\frac{2}{F G_{\text{eff}}} + 1$ wird Adiabatenkoeffizient κ genannt.

In der Literatur wird κ meist als Quotient der Wärmekapazität bei konstantem Druck und der Wärmekapaziät bei konstantem Volumen ausgedrückt.

Merke 7 (Adiabatenkoeffizient) *Der Adiabatenkoeffizient κ ist definiert als*

$$\kappa = \frac{C_p}{C_V}. \qquad (8.30)$$

Mit dem Adiabatenkoeffizienten kann man Gl. 8.29 in die sogenannte POISSON-Gleichung umformen (Poisson 1823).

Merke 8 (POISSON-Gleichung)

$$\frac{p_2}{p_2} = \left(\frac{V_1}{V_2}\right)^{\kappa} \Leftrightarrow p_1 V_1^{\kappa} = p_2 V_2^{\kappa} \qquad (8.31)$$

Die Arbeit lässt sich bei der adiabatischen Zustandsänderung auch über das allgemeine Arbeitsintegral bestimmen. Wir wissen, dass der Druck bei einer adiabatischen Zustandsänderung nicht konstant bleibt. Deshalb muss dieser (wie bei der isothermen Zustandsänderung) durch eine Funktion von V ersetzt werden. Hierfür können wir die POISSION-Gleichung nutzen:

$$p_1 V_1^{\kappa} = p_2 V_2^{\kappa} \Leftrightarrow p(V) = p_1 V_1^{\kappa} \frac{1}{V^{\kappa}}. \qquad (8.32)$$

Diesen Ausdruck für $p(V)$ können wir nun in unser allgemeines Integral für die Volumenarbeit einsetzen und erhalten:

$$W = -p_1 V_1^{\kappa} \int_{V_1}^{V_2} \frac{1}{V^{\kappa}} dV = -\frac{p_1 V_1^{\kappa}}{-\kappa+1} \left(V_2^{-\kappa+1} - V_1^{-\kappa+1}\right). \qquad (8.33)$$

Um eine schönere Form zu erhalten, klammern wir nun noch $V_1^{-\kappa+1}$ aus:

$$
\begin{aligned}
W &= \frac{p_1 V_1^{\kappa}}{-\kappa+1} \left(V_1^{-\kappa+1} - V_2^{-\kappa+1}\right) \\
&= \frac{p_1 V_1^{\kappa} V_1^{-\kappa+1}}{-\kappa+1} \left(1 - \frac{V_2^{-\kappa+1}}{V_1^{-\kappa+1}}\right) \\
&= \frac{p_1 V_1}{\kappa-1} \left(\frac{V_1^{\kappa-1}}{V_2^{\kappa-1}} - 1\right).
\end{aligned}
\qquad (8.34)
$$

Wobei wir im letzten Schritt ein Potenzgesetz genutzt haben ($a^n \cdot a^m = a^{n+m}$), mit -1 multipliziert haben und dann den Bruch in der Klammern „gedreht" haben, indem wir genutzt haben, dass $a^{-1} = \frac{1}{a}$ ist.

Da $W = \Delta U$ gilt, können wir die adiabatische Arbeit auch über die Wärmekapazität bei konstantem Volumen ausdrücken, da $C_V = \frac{dU}{dT}$:

$$W = \Delta U = n \cdot C_{V,\mathrm{m}} \cdot \Delta T. \qquad (8.35)$$

Auch die Entropieänderung für den adiabatischen Prozess ist nicht schwer zu berechnen. Nach der thermodynamischen Definition ist die Entropieänderung der Quotient aus der als Wärme übertragenen Energie und der Temperatur. Da bei adiabatischen Prozesse per Definition kein Wärmeübertrag stattfindet, ist die Entropieänderung gleich null:

$$\Delta S = \frac{Q_{\text{rev}}}{T} = 0. \tag{8.36}$$

8.6   Zustandsänderungen im Überblick

Tab. 8.1 gibt einen Überblick der Änderung der wichtigsten Größen bei den verschiedenen Zustandsänderungen. Abb. 8.2 zeigt alle Zustandsänderungen in einem pV-Diagramm. Isobaren sind hierbei parallel zur Volumenachse, Isochoren sind parallel zur Druckachse. Isothermen und Adiabaten sind Kurven, wobei Adiabaten steiler verlaufen als Isothermen.

Tab. 8.1 Änderung von $W, Q, \Delta U$ sowie ΔS für verschiedene Zustandäsnderungen am idealen Gas

	Q	W	ΔU	ΔS	Gasgesetz
isotherm	$-W$	$nRT \ln\left(\frac{V_1}{V_2}\right)$ $p_1 V_1 \ln\left(\frac{V_1}{V_2}\right)$	0	$nR \ln\left(\frac{V_2}{V_1}\right)$	$p \propto \frac{1}{V}$
isobar	$nC_{p,\text{m}}\Delta T$	$-p\Delta V$	$Q + W$	$nC_{p,\text{m}} \ln\left(\frac{T_2}{T_1}\right)$	$\frac{V}{T} = const$
isochor	$nC_{V,\text{m}} \ln\left(\frac{T_2}{T_1}\right)$	0	Q	$nC_{V,\text{m}} \ln\left(\frac{T_2}{T_1}\right)$	$\frac{p}{T} = const$
adiabat	0	$nC_{V,\text{m}}\Delta T$ $\frac{p_1 V_1}{\kappa-1}\left(\frac{V_1^{\kappa-1}}{V_2^{\kappa-1}} - 1\right)$	W	0	$p_1 V_1^{\kappa} = p_2 V_2^{\kappa}$

Abb. 8.2 Zustandsänderungen am pV-Diagramm

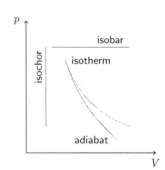

Reale Gase

9

Bei der Beschreibung des Idealen Gases haben wir das Eigenvolumen und die Wechselwirkungen zwischen den Teilchen vernachlässigt. In der Realität haben die Teilchen allerdings ein Eigenvolumen und wechselwirken auch miteinander. Deshalb kommt es besonders bei großen, gut polarisierbaren Molekülen zu deutlichen Abweichungen vom idealen Verhalten.

Nachfolgend möchten wir einige Ansätze kennenlernen, um das reale Verhalten von Gasen zu beschreiben.

9.1 Kompressionsfaktor

Eine erste Möglichkeit, die Abweichung vom realen Verhalten zu quantifizieren, liefert der *Kompressionsfaktor Z*. Er ist definiert als das Verhältnis zwischen dem tatsächlich gemessenen molaren Volumen V_m eines Gases und dem idealen Volumen V°.

Merke 1 (Kompressionsfaktor)

$$Z = \frac{V_m}{V^\circ} \tag{9.1}$$

Für ein Ideales Gas ist $Z = 1$.

Setzt man für V° die Ideale Gasgleichung ein, so erhält man:

$$pV = RTZ. \tag{9.2}$$

© Springer Fachmedien Wiesbaden GmbH 2017
K.M. Jablonka, *Grundlagen der Thermodynamik für Studierende der Chemie,* essentials, DOI 10.1007/978-3-658-17021-9_9

Bei hohen Drücken ist gilt meist, dass $Z > 1$ da hier die abstoßenden Wechselwirkungen zu einer Vergrößerung des Volumens führen. Analog ist für kleine Drücke meist $Z < 1$, da nun die attraktiven Wechselwirkungen das reale Volumen im Verhältnis zum idealen Volumen verkleinern.

9.2   Virialansatz

Nach dem Idealen Gasgesetz ist das Produkt aus Druck und Volumen bei konstanter Teilchenanzahl und Temperatur eine Konstante, sprich

$$\left(\frac{\partial(p\,V)}{\partial p}\right)_T = 0. \tag{9.3}$$

Experimentell findet man allerdings andere Zusammenhänge, die teils deutlich von dem idealisierten Verhalten abweichen.

Um die experimentell gefundenen Zusammenhänge dennoch beschreiben zu können, verwendet man eine Entwicklung von $p \cdot V$ nach p. Diese Reihenentwicklung wird *Virialansatz* genannt (Kamerlingh Onnes 1901; Thiesen 1885).

Merke 2 (Virialansatz)

$$p \cdot V = n \cdot R \cdot T + n \cdot B' \cdot p + n \cdot C' \cdot p^2 + n \cdot D' \cdot p^3 + \dots \tag{9.4}$$

Die Konstanten B', C', D' sind hierbei die temperaturabhängigen Virialkoeffizienten.

Oft ist auch

$$p \cdot V_{\mathrm{m}} = R \cdot T \left(1 + \frac{B}{V_{\mathrm{m}}} + \frac{C}{V_{\mathrm{m}}^2} + \frac{D}{V_{\mathrm{m}}^3} + \dots\right) \tag{9.5}$$

als Virialgleichung zu finden. In Gl. 9.5 erkennt man hierbei schön, dass der Term in den Klammern dem Kompressionsfaktor Z entspricht (vergleiche mit Gl. 9.2).

9.3   Van-der-Waals-Gleichung

Ein einfacheres, wenn auch ungenaueres, Modell um reale Gase zu beschreiben wurde von J.D. VAN DER WAALS entwickelt (van der Waals 1873; Ott et al. 1971).

Dem Modell liegen hierbei zwei Überlegungen zu Grunde: Zum einem haben
reale Gase ein Eigenvolumen, weshalb das freie molare Volumen V_m um ein
Ausschließungs- oder *Kovolumen b* verringert ist. Diese Verringerung des Volumens ist auf die abstoßenden Wechselwirkungen zurückzuführen (Metcalf 1915; de
Visser 2011).

Zum anderen liegen in realen Gasen allerdings auch anziehende Wechselwirkungen vor. Diese führen zu einer Zunahme des spürbaren Druckes – der äußere Druck
ist damit um den *Binnendruck* π, der die Moleküle „zusammendrückt", größer.

Wir können dadurch ausgehend von der idealen Gasgleichung das reale Verhalten
modellieren.

Merke 3 (Van-der-Waals-Gleichung)

$$\underbrace{(p + \pi)}_{\text{„}p\text{“}} \cdot \underbrace{(V_m - b)}_{\text{„}V\text{“}} = R \cdot T \qquad (9.6)$$

Wir benötigen nun nur noch Ausdrücke für das Ausschließungsvolumen b und den
Binnendruck π.

Der Ausdruck für den Binnendruck lässt sich – wie oft in der Physik – durch
eine Reihenentwicklung bestimmen. Wobei wir wissen, dass für ein Volumen, das
gegen Unendlich geht, der Binnendruck gegen null gehen muss. Wir setzten also
folgende Entwicklung nach V_m an:

$$\pi = \frac{c}{V_m} + \frac{a}{V_m^2} + \dots \qquad (9.7)$$

Und können die ersten zwei Terme dieser Entwicklung in die VAN-DER-WAALS-
Gleichung einsetzen:

$$\left(p + \frac{c}{V_m} + \frac{a}{V_m^2}\right)(V_m - b) = p \cdot V_m + c + \frac{a}{V_m} = R \cdot T. \qquad (9.8)$$

Da gelten soll, dass für unendlich große Volumina die VAN-DER-WAALS-Gleichung
in die Ideale Gasgleichung übergehen soll, muss $c = 0$ sein. Damit ergibt sich, dass
der Binnendruck von der Konstante a abhängt.

Merke 4 (Binnendruck)

$$\pi = \frac{a}{V_m^2} \tag{9.9}$$

9.4   Ausschließungsvolumen

Um einen Ausdruck für das Ausschließungsvolumen b zu ermitteln, lohnt es sich den Stoß zwischen zwei Molekülen – die wir als starre Kugeln annehmen wollen – zu betrachten.

Wie Abb. 9.1 zeigt, können sie zwei Moleküle nur auf den Abstand $r_1 + r_2$ nähern. Damit wird ein Volumen von

$$V_{Aus} = \frac{4\pi}{3}(r_1 + r_2)^3 \tag{9.10}$$

ausgeschlossen.

Für $r_1 = r_2 = r$ gilt:

$$V_{Aus} = \frac{4\pi}{3}(2r)^3 = 2 \cdot 4 \cdot V_{Molekül}. \tag{9.11}$$

Bei einem Stoß „teilen" sich zwei Moleküle dieses Volumen, weshalb das Volumen aus Gl. 9.10 auf beide Kugeln aufgeteilt werden muss. Ein Molekül „sperrt" damit ein Volumen von $4 \cdot V_{Molekül}$. Das Ausschließungsvolumen ist dadurch vier mal so groß wie das Volumen des Moleküls. Um eine molare Größe zu erhalten, multipliziert man dann noch mit der AVOGADRO-Zahl N_A.

Abb. 9.1 Darstellung des Stoßes zweier Teilchen mit den Radien r_1 und r_2 und dem Bereich $2V_{Aus}$. (Hier für den Fall $r_1 = r_2$)

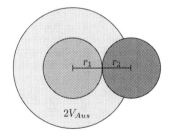

Merke 5 (Ausschließungsvolumen)

$$b = N_A \cdot 4 \cdot \frac{4}{3}\pi r^3. \tag{9.12}$$

Setzt man die Zusammenhänge für Binnendruck und Ausschließungsvolumen in die VAN-DER-WAALS-Gleichung ein, ergibt sich eine Gleichung, die das reale Verhalten von Gasen in Abhängigkeit von zwei stoffspezifischen Größen, a und b, beschreibt.

Merke 6 (VAN-DER-WAALS-Gleichung)

$$\left(p + \frac{a}{V_m^2}\right)(V_m - b) = RT \tag{9.13}$$

Verwendet man nicht das molare Volumen V_m, sondern V ergibt sich:

$$\left(p + \frac{an^2}{V^2}\right)\left(\frac{V}{n} - b\right) = RT. \tag{9.14}$$

Zweiphasengebiet

10

Der Verlauf der Isothermen im pV Diagramm wird durch die Steigung bestimmt, welche sich durch Ableiten der Druckform der VAN-DER-WAALS-Gleichung berechnen lässt:

$$p = \frac{RT}{V_m - b} - \frac{a}{V_m^2}$$
$$\left(\frac{\partial p}{\partial V_m}\right)_T = -\frac{RT}{(V_m - b)^2} + \frac{2a}{V_m^3}. \tag{10.1}$$

Bei hoher Temperatur T ist damit eine negative Steigung zu erwarten (negativer Term überwiegt).

Bei niedriger Temperatur ist das Vorzeichen der Steigung abhängig vom Volumen. Bei sehr kleinem und sehr großem molaren Volumen V_m ergibt sich hierbei eine negative Steigung. Dazwischen ist die Steigung positiv – d. h. es muss ein Minimum und ein Maximum auftreten.

Eine positive Steigung bedeutet, dass bei zunehmenden Druck das molare Volumen zunimmt – das ist physikalisch allerdings nicht sinnvoll. In Abb. 10.1 ist dieser Effekt für verschiedene Temperaturen dargestellt. Auf der Abszisse ist hier wie üblich das Volumen aufgetragen und auf der Ordinate der Druck. Auffallend ist hier, dass sich unterhalb der sogenannten kritischen Temperatur T_k Extrema ergeben, die physikalisch nicht sinnvoll sind.

Der Grund hierfür liegt darin, dass unterhalb des kritischen Punktes (der Wendepunkt bei $T_k = 1$ in Abb. 10.1) sich der sogenannte *Koexistenzbereich* ergibt. Hierbei liegen Gas- und Flüssigkeitsphase nebeneinander vor. Im Bereich der Schleifen findet also Kondensation und Verdampfung statt.

Experimentell findet man, dass sich zwischen $C_{m,\text{Flüssigkeit}}$ und $V_{m,\text{Gas}}$ eine Isobare ergibt, die die Schleife in zwei Hälften mit gleich großen Flächen teilt. Der entsprechende Druck wird *Gleichgewichtsdampfdruck* genannt. Kompression oder

© Springer Fachmedien Wiesbaden GmbH 2017
K.M. Jablonka, *Grundlagen der Thermodynamik für Studierende der Chemie*, essentials, DOI 10.1007/978-3-658-17021-9_10

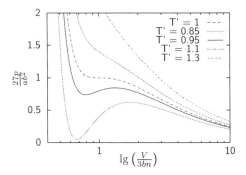

Abb. 10.1 VAN-DER-WAALS-Isothermen für verschiedene Verhältnisse der Temperatur zur kritischen Temperatur $T' = T/T_k$ in einem pV-Diagramm mit dimensionslosen Druck- und Volumenachsen. Hierbei wurden die kritischen Größen, die später erläutert werden, als Einheit für Druck und Volumen verwendet. Die Volumenachse ist hierbei logarithmisch gewählt um die VAN-DER-WAALS-Schleifen besser zu erkennen. Die rote Kurve $T' = 1$ stellt die kritische Isotherme dar

Expansion verändert hier nur das Mengenverhältnis zwischen Dampf- und Flüssigkeitsphase allerdings nicht den Druck.

Man beschreibt deshalb diesen Bereich mit der sogenannten MAXWELLschen Konstruktion. Hierbei zeichnet man eine Gerade zwischen den Punkten A und B sodass die Flächen zwischen der Gerade und der VAN-DER-WAALS-Isotherme gleich groß sind (Clerk-Maxwell 1875). Die VAN-DER-WAALS-Gleichung selber kann diesen Bereich nicht korrekt beschreiben.

10.1   Der kritische Punkt

Der Punkt, an welchem sowohl die erste als auch die zweite Ableitung der Isotherme null sind, wird *kritischer Punkt* genannt. Er wird durch ein stoffspezifisches Wertetripel charakterisiert. Oberhalb der kritischen Temperatur kann man bei Druckerhöhung das Gas nicht verflüssigen. Dieser Zustand wird *überkritisch* genannt.

Im überkritischen Zustand sind die flüssige Phase und die Gasphase nicht mehr unterscheidbar. Untersucht man ein System in welchem beide Phasen vorliegen ausgehende von einem Wert unterhalb der kritischen Isotherme kann man einen scharfen Meniskus beobachten. Überschreitet man die kritische Isotherme verschwindet dieser plötzlich. Prof. Poliakoff von der Universität Nottingham erklärt dieses Phänomen in einem sehr empfehlenswerten Video auf dem Youtube-Kanal „nottinghamscience" (https://www.youtube.com/watch?v=yBRdBrnIlTQ).

Exkurs (Überkritische Fluide)
Durch die besonderen Eigenschaften des überkritischen Zustands ergeben sich interessante Anwendungen für überkritische Fluide.

Beispielsweise werden überkritische Fluide für die Extraktion von Stoffen (beispielsweise bei der Dekaffeinierung) verwendet. Die hohe Dichte ermöglicht ein mit Flüssigkeiten vergleichbares Lösungsvermögen, der Stofftransport wird über die hohe Fluidität vereinfacht. Aber besonders die einfach Abtrennbarkeit durch Entspannung machen überkritische Fluide zu einem optimalen Extraktionsmittel (Zosel 1978).

Es gibt natürlich noch viele weitere Anwendungen für überkritische Fluide wie zum Beispiel die SFC-Chromatografie mit einem überkritischen Fluid als mobile Phase oder die Durchführung chemischer Reaktionen in überkritischen Fluiden (Smith et al. 1988; Savage et al. 1995). Man konnte zum Beispiel auch bei manchen Synthesen durch Wechsel zu einem überkritischem Lösungsmittel die Ausbeute an einem bestimmten chiralen Isomer erhöhen (Scott Oakes et al. 1999).

Durch die Bedingung, dass am kritischen Punkt sowohl die erste als auch die zweite Ableitung gleich null sind, kann man mithilfe der VAN-DER-WAALS-Gleichung Zusammenhänge für die kritischen Größen herleiten:

$$\left(\frac{\partial p}{\partial V_\mathrm{m}}\right)_T = -\frac{RT}{(V_\mathrm{m} - b)^2} + \frac{2a}{V_\mathrm{m}^3} = 0 \tag{10.2}$$

$$\left(\frac{\partial^2 p}{\partial V_\mathrm{m}^2}\right)_T = \frac{2RT}{(V_\mathrm{m} - b)^3} - \frac{6a}{V_\mathrm{m}^4} = 0. \tag{10.3}$$

Durch Auflösen dieser Gleichungen erhalten wir:

$$V_\mathrm{k} = 3b. \tag{10.4}$$

Setzen wir dies in 10.2 ein, folgt daraus:

$$T_\mathrm{k} = \frac{8a}{27Rb}. \tag{10.5}$$

Setzt man diese Ergebnisse nun in die VAN-DER-WAALS-Gleichung ein, ergibt sich ein Ausdruck für den kritischen Druck:

$$p_k = \frac{3RT_k}{8V_k} = \frac{a}{27b^2}.$$ (10.6)

Die kritischen Daten sind wichtig, da wir aus ihnen die VAN-DER-WAALS-Konstanten a und b bestimmen können Eberhart (1989, 1992).

10.2 Joule-Thomson-Effekt

In der ersten Hälfte des 19. Jahrhunderts untersuchte JOULE die Temperaturänderung bei der Expansion eines Gases ins Vakuum. Er konnte dabei keine Temperaturänderung feststellen, da sein Messaufbau nicht empfindlich genug war. Er untersuchte die Expansion ins Vakuum indem er die Temperaturänderung eines Wasserbades messen wollte. Allerdings ist die Wärmekapazität des Wasser zu groß, um eine solch kleine Temperaturänderung messen zu können (Joule 1845).

In der Realität erwarten wir für reale Gase mit zwischenmolekularen Wechselwirkungen eine Temperaturänderung bei Volumenänderung. Dies wird durch den inneren Druck Π beschrieben, den wir als

$$\Pi = \left(\frac{\partial U}{\partial V}\right)_{T,n_i}$$ (10.7)

definiert hatten. Wir konnten zeigen, dass dieser für Ideale Gase den Wert eins annimmt.

Mit einem verbesserten Versuchsaufbau, der dem in Abb. 10.2 ähnelt, konnte JOULE dann zusammen mit THOMSON tatsächlich eine Temperaturänderung feststellen (Joule und Thomson 1852). Hierbei wird ein Gas mit konstantem Druck p_1 durch eine Fritte gedrückt. Da durch die Fritte die Übertragung von kinetischer

Abb. 10.2 Schematischer Versuchsaufbau für die Messung des Joule-Thomson-Effekts

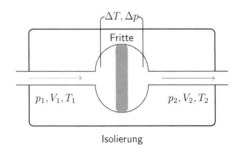

Isolierung

Energie verhindert wird, ist der Druck p_2 auf der anderen Seite der Fritte geringer als der ursprüngliche Druck p_1.

Stellt man sich vor, dass ein Teil des Gases zeitweise im Porenlabyrinth der Membran „verschwindet" ($V = 0$) ergibt sich für die Bilanz der Arbeit auf der Seite vor der Membran:

$$W_1 = -p_1 \cdot (0 - V_1). \tag{10.8}$$

Für die Seite rechts von der Membran erhält man damit:

$$W_2 = -p_2 \cdot (V_2 - 0). \tag{10.9}$$

Für die Gesamtarbeit ergibt sich damit:

$$W = W_1 + W_2 = p_1 V_1 - p_2 V_2. \tag{10.10}$$

Der Versuch wurde von JOULE und THOMSON unter adiabatischen Bedingungen durchgeführt. Wir können damit also unter Verwendung der ersten Hauptsätze schreiben:

$$\Delta U = U_2 - U_1 = Q + W = p_1 V_1 - p_2 V_2$$
$$\Leftrightarrow U_1 + p_1 V_1 = U_2 + p_2 V_2. \tag{10.11}$$

Rufen wir uns die Definition der Enthalpie als $H = U + pV$ ins Gedächtnis, merken wir, dass uns Gl. 10.11 nichts anders sagt, als dass der Versuch von JOULE und THOMSON *isenthalp* verläuft, da

$$H_1 = H_2 \Leftrightarrow \Delta H = 0. \tag{10.12}$$

Auch hier lässt sich ein Differenzialquotient als Messvorschrift aufstellen. Er misst die Temperaturänderung bei Druckänderung bei konstanter Enthalpie und wird *Joule-Thomson-Koeffizienten* μ genannt.

Merke 1 (Joule-Thomson-Koeffizient)

$$\mu = \left(\frac{\partial T}{\partial p} \right)_H \tag{10.13}$$

Doch worauf beruht nun eigentlich die Abkühlung? Der Gleichgewichtsabstand von
Molekülen ergibt sich aus dem Zusammenspiel aus abstoßenden und anziehenden
Wechselwirkungen und kann beispielsweise mit dem LENNARD-JONES-Potenzial
beschrieben werden (Jones 1924).

Merke 2 (LENNARD-JONES-Potenzial)

$$V(r) = \epsilon \left[\left(\frac{\sigma}{r}\right)^{12} - \left(\frac{\sigma}{r}\right)^{6} \right] \tag{10.14}$$

*Das ϵ gibt die Potenzialtiefe, das σ den Gleichgewichtsabstand an. Die an-
ziehende Wechselwirkung ist der r^{-6} Teil (LONDON-Formel), die abstoßende
Wechselwirkung der r^{-12} Teil.*

Im Gleichgewicht befinden sich die Moleküle am Potenzialminium (Minimum in
Abb. 10.3, genau genommen befinden sich die Teilchen etwas rechts vom Minimum
im LENNARD-JONES-Potenzial).

Findet nun Expansion statt, vergrößert sich der Abstand zwischen den Teilchen
(wir bewegen uns in Abb. 10.3 nach rechts entlang der Abstandsachse). Da hierbei
attraktive Wechselwirkungen überwunden werden müssen, wird diese Energie dem

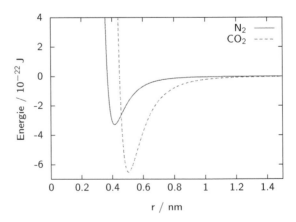

Abb. 10.3 LENNARD-JONES 6-12-Potenzial für CO_2 und N_2

System entzogen – das System kühlt ab. Man kann es auch so formulieren: die potenzielle Energie (LENNARD-JONES) nimmt zu – dafür muss die kinetische Energie (Temperatur) abnehmen.

Vergleichen wir in Abb. 10.3 die Gase CO_2 und N_2 zeigt sich, dass CO_2 das deutlich tiefere Potenzial (dies kann mit der besseren Polarisierbarkeit von CO_2 begründet werden) und einen steileren Anstieg aufweist. Deshalb ändert sich bei gleicherer Änderung des Abstandes die potenzielle Energie für CO_2 stärker als für N_2. Wir würden demnach für CO_2 den ausgeprägteren JOULE-THOMSON-Effekt erwarten. Dies ist in der Tat auch das, was wir experimentell feststellen können.

Die sogenannte *Inversionskurve* ist die Begrenzungslinie zwischen dem Gebiet mit positiven und dem mit negativen JOULE-THOMSON-Koeffizienten. Die Kurve wird also durch

$$0 = \mu = \left(\frac{\partial T}{\partial p} \right)_H \qquad (10.15)$$

definiert.

Abb. 10.4 zeigt die Inversionskurven von CO_2 und N_2. Man erkennt, dass es bei einem gegebenen Druck zwei Inversionstemperaturen gibt. Im Bereich zwischen der Temperaturachse und der Kurve ist $\mu > 0$.

Im LINDE-Verfahren werden Gase durch geschicktes Nutzen des JOULE-THOMSON-Effektes abgekühlt. Komprimierte und vorgekühlte Gase werden hierbei expandiert und kühlen dabei ab. Diese gekühlte Luft wird dann im Gegenstromprinzip dafür verwendet, die weitere Luft vor der Expansion zu kühlen (von Linde 1896).

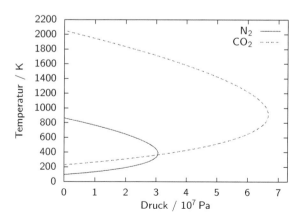

Abb. 10.4 Theoretische Inversionskurven für N_2 und CO_2

Was Sie aus diesem *essential* mitnehmen können

- Die Thermodynamik basiert auf vier Hauptsätzen. Mithilfe des nullten Hauptsatzes wird die Temperatur eingeführt. Der erste Hauptsatz beschreibt die Energieerhaltung und die Äquivalenz von Arbeit und Wärme. Die Entropie (zweiter Hauptsatz) ermöglicht es die Spontanität von Prozessen vorherzusagen und ist damit auch Zentrum der GIBBS- sowie HELMHOLTZ-Energie. Der dritte Hauptsatz ermöglicht es schließlich Entropien zu messen, indem die Entropie am absoluten Nullpunkt gleich null gesetzt wird.
- Die Entropie ermöglicht es auch über den CARNOT-Zyklus den maximalen Wirkungsgrad von Wärmekraftmaschinen vorherzusagen.
- Der mathematische Formalismus der Thermodynamik basiert auf Zustandsfunktionen. Zustandsfunktionen sind Größen, deren Wert nicht vom Weg abhängt. Davon zu unterscheiden sind Transportgrößen, deren Wert vom Integrationsweg abhängt.
- Die Innere Energie eines Idealen Gases ist nur von der Temperatur abhängig. Reale Gase können mit der Virialentwicklung oder der VAN-DER-WAALS-Gleichung beschrieben werden. Ein wichtiger Effekt der mit dem Modell des Idealen Gases nicht beschrieben werden kann, ist der JOULE-THOMSON-Effekt der beispielsweise für die Gasverflüssigung nach LINDE verwendet wird.

© Springer Fachmedien Wiesbaden GmbH 2017
K.M. Jablonka, *Grundlagen der Thermodynamik für Studierende der Chemie*, essentials, DOI 10.1007/978-3-658-17021-9

Literatur

Adams, F. C., & Laughlin, G. (1997). A dying universe: The long-term fate and evolution of astrophysical objects. *Reviews of Modern Physics, 69*(2), 337–372.

Anacleto, J. (2011). On the clausius equality and inequality. *European Journal of Physics, 32*(2), 279–286.

Anders, G. van., Klotsa, D., Ahmed, N. K., Engel, M., & Glotzer, S. C. (2014). Understanding shape entropy through local dense packing. *Proceedings of the National Academy of Sciences, 111*(45), E4812–E4821.

Atkins, P. (2010). *The laws of thermodynamics: A very short introduction.* Oxford: Oxford University Press.

Atkins, P., & de Paula, J. (2014). *Physical chemistry* (10. Aufl.). Oxford: Oxford University Press.

Avogadro, A. (1811). Essai d'une manière de déterminer les masses relatives des molécules élémentaires des corps, et les proportions selon lesquelles elles entrent dans ces combinaisons. *Journal de Physique, de Chimie, d'Histoire Naturelle et des Arts, 73,* 55–76.

Bahr, B., Lemmer, B., & Piccolo, R. (2016). The end of the universe. In *Quirky Quarks* (S. 314–319). Berlin: Springer.

Barrow, G. M. (1988). Thermodynamics should be built on energy-not on heat and work. *Journal of Chemical Education, 65*(2), 122.

Ben-Naim, A. (2011). Entropy: Order or information. *Journal of Chemical Education, 88*(5), 594–596.

Bennett, C. H. (1987). Demons, engines and the second law. *Scientific American, 257*(5), 108–116.

Bérut, A., Arakelyan, A., Petrosyan, A., Ciliberto, S., Dillenschneider, R., & Lutz, E. (2012). Experimental verification of Landauer's principle linking information and thermodynamics. *Nature, 483*(7388), 187–189.

Boltzmann, L. (1871). Einige allgemeine Sätze über Wärmegleichgewicht. *Wiener Berichte, 63,* 679–711.

Boltzmann, L. (1876). Über die Natur der Gasmoleküle. *Wiener Berichte, 74,* 553–560.

Boltzmann, L. (1877). Über die Beziehung zwischen dem zweiten Hauptsatz der mechanischen Wärmetheorie und der Wahrscheinlichkeitsrechnung respektive den Sätzen über das Wärmegleichgewicht. *Sitzungsber. d. k. Akad. der Wissenschaften zu Wien, 76,* 428.

Boyle, R. (1662). *A defence of the doctrine touching the spring and weight of the air, propos'd by Mr. R. Boyle in his New Physico-Mechanical Experiment.. by the author of those experiments.* London: Thomas Robinson.

© Springer Fachmedien Wiesbaden GmbH 2017
K.M. Jablonka, *Grundlagen der Thermodynamik für Studierende der Chemie, essentials,* DOI 10.1007/978-3-658-17021-9

Buchholz, M. (2016). Entropie. Was ist das? Und vor allem.. wozu braucht man es? *Energ. – Wie verschwendet man etwas, das nicht weniger Werd. kann?* (S. 39–73). Berlin: Springer.

Callen, H. B. (1985). *Thermodynamics and an introduction to thermostatistics.* (2. Aufl.). Wiley & Sons.

Carathéodory, C. (1909). Untersuchungen über die Grundlagen der Thermodynamik. *Mathematische Annalen, 67*(3), 355–386.

Carnot, S. (1824). *Réflexions sur la puissance motrice du feu et sur les machines propres à développer cette puissance.* Paris: Bachelier.

Chandler, D. (2005). Interfaces and the driving force of hydrophobic assembly. *Nature, 437*(7059), 640–647.

Clapeyron, É. (1834). Mémoire sur la puissance motrice de la chaleur. *Journal de l'École Polytechnique, XIV*, 153–190.

Clausius, R. (1857). Ueber die Art der Bewegung, welche wir Wärme nennen. *Annalen der Physik und Chemie, 176*(3), 353–380.

Clausius, R. (1863). Ueber einen Grundsatz der mechanischen Wärmetheorie. *Annalen der Physik und Chemie, 196*(11), 426–452.

Clausius, R. (1865). Ueber verschiedene für die Anwendung bequeme Formen der Hauptgleichungen der mechanischen Wärmetheorie. *Annalen der Physik und Chemie, 201*(7), 353–400.

Clerk-Maxwell, J. (1875). On the dynamical evidence of the molecular constitution of bodies. *Nature, 11*(279), 357–359.

Cohen, E., Cvitas, T., Frey, J., Holmström, B., Kuchitsu, K., & Marquardt, R. (2008). *Quantities, units and symbols in physical chemistry (IUPAC green book)* (3. Aufl.). Cambridge: IUPAC & RSC Publishing.

Curzon, F. L. (1975). Efficiency of a carnot engine at maximum power output. *American Journal of Physics, 43*(1), 22.

Dalton, J. (1801). New theory of the constitution of mixed aeriform fluids and particularly of the atmosphere. *Journal of Natural Philosophy, Chemistry & the Arts, 51*, 241–244.

Demtröder, W. (2016). *Experimentalphysik 3.* Berlin: Springer-Lehrbuch.

Dence, J. B. (1972). Heat capacity and the equipartition theorem. *Journal of Chemical Education, 49*(12), 798.

Dincer, I., & Cengel, Y. A. (2001). Energy, entropy and exergy concepts and their roles in thermal engineering. *Entropy, 3*(3), 116–149.

Dreyer, W., & Weiss, W. (1997). Geschichten der Thermodynamik und obskurer Anwendungen des zweiten Hauptsatzes. http://www.wias-berlin.de/preprint/330/wias_preprints_330.pdf. Zugegriffen: 03. Dez. 2016.

Eberhart, J. G. (1989). The many faces of van der Waals's equation of state. *Journal of Chemical Education, 66*(11), 906.

Eberhart, J. G. (1992). A least-squares technique for determining the van der Waals parameters from the critical constants. *Journal of Chemical Education, 69*(3), 220.

Fließbach, T. (2010). *Statistische Physik.* Heidelberg: Spektrum Akademischer Verlag.

Fortman, J. J. (1993). Pictorial analogies III: Heat flow, Thermodynamics, and entropy. *Journal of Chemical Education, 70*(2), 102.

Fowler, R., & Guggenheim, E. (1939). *Statistical thermodynamics: A version of statistical mechanics for students of physics and chemistry* (1. Aufl.). Cambridge: Cambridge University Press.

Frenkel, D. (2014). Order through entropy. *Nature Materials*, *14*(1), 9–12.

Frenkel, D., & Warren, P. B. (2015). Gibbs, Boltzmann, and negative temperatures. *American Journal of Physics*, *83*(2), 163–170.

Gay-Lussac, J. L. (1802). Recherches sur la dilatation des gaz et des vapeurs. *Annali di Chimica*, *43*, 137–175.

Hess, H. (1840). Thermochemische Untersuchungen. *Annalen der Physik und Chemie*, *126*(6), 385–404.

Janz, G. J. (1954). Temperature dependence of heat capacity. *Journal of Chemical Education*, *31*(2), 72.

Jenkins, H. D. B. (2008). Gibbs-Helmholtz Equation. *Chemical thermodynamics at a glance* (S. 150–153). Oxford: Blackwell.

Jones, J. E. (1924). On the determination of molecular fields. II. From the equation of state of a gas. *Proceedings of the Royal Society A: Mathematical, Physical and Engineering Science*, *106*(738), 463–477.

Joule, J. (1845). LIV. On the changes of temperature produced by the rarefaction and condensation. *Philosophical Magazine Series 3*, *26*(174), 369–383.

Joule, J. P. (1854). Ueber das mechanische Waerme-Aequivalent. *Annalen der Physik und chemie*, *4*, 601 ff.

Joule, J., & Thomson, W. (1852). LXXVI. On the thermal effects experienced by air in rushing. *Journal of Philosophical Magazine Series 4*, *4*, 28.

Julian, M. M., Stillinger, F. H., & Festa, R. R. (1983). The third law of thermodynamics and the residual entropy of ice: SStillwaterör ΔSH2Of, T=0 = 0. *Journal of Chemical Education*, *60*(1), 65.

Kalvius, G. M. (1999). *Physik IV Physik der Atome, Moleküle und Kerne - Wärmestatistik* (5. Aufl.). München: Oldenbourg.

Kamerlingh Onnes, H. (1901). Expression of the equation of state of gases and liquids by means of series. *KNAW, Proceedings*, *5*, 125–147.

Kirchhoff, G. (1858). Ueber einen Satz der mechanischen Wärmetheorie, und einige Anwendungen desselben. *Annalen der Physik und Chemie*, *179*(2), 177–206.

Koenig, F. O. (1935). Families of thermodynamic equations. I The method of transformations by the characteristic group. *The Journal of Chemical Physics*, *3*(1), 29.

Krönig, A. (1856). Grundzüge einer Theorie der Gase. *Annalen der Physik und Chemie*, *175*(10), 315–322.

Lambert, F. L. (2002). Disorder – A cracked crutch for supporting entropy discussions. *Journal of Chemical Education*, *79*(2), 187–192.

Landauer, R. (1987). Computation: A fundamental physical view. *Physica Scripta*, *35*(1), 88–95.

Lide, D. R. (Hrsg.). (2004). *CRC handbook of chemistry and physics* (85. Aufl.). Florida: CRC Press.

Lieb, E. H. (1967). Residual entropy of square ice. *Physical Review*, *162*(1), 162–172.

Linde C. von (1896). *Gasverflüssigungs-Maschine*. US727650 A.

Lowe, J. P. (1988). Entropy: conceptual disorder. *Journal of Chemical Education*, *65*(5), 403.

Martyushev, L., & Seleznev, V. (2006). Maximum entropy production principle in physics, chemistry and biology. *Physics Reports*, *426*(1), 1–45.

Maxwell, J. C., & Rayleigh, J. W. S. (1908). *Theory of heat*. London: Green and Co & Longmans.

Mayer, J. R. (1842). Bemerkungen über die Kräfte der unbelebten Natur. *Annalen der Chemie und Pharmacie, 42*(2), 233–240.

McQuarrie, D. A., & Simon, J. D. (1997). *Physical chemistry: A molecular approach.* Sausalito: University Science Books.

Metcalf, W. V. (1915). Van der Waals equation – A supplementary paper. *Journal of Physical Chemistry, 20*(3), 177–187.

Moore, S. (2012). Computing's power limit demonstrated. *IEEE Spectrum, 49*(5), 14–16.

Nernst, W. (1906). Ueber die Berechnung chemischer Gleichgewichte aus thermischen Messungen. *Nachrichten von der Gesellschaft der Wissenschaften zu Göttingen, Mathematisch-Physikalische Klasse, 1906,* 1–40.

Noble, D. (1995). DSC balances out. *Analytical Chemistry, 67*(9), 323A–327A.

Ott, J. B., Goates, J. R., & Hall, H. T. (1971). Comparisons of equations of state in effectively describing PVT relations. *Journal of Chemical Education, 48*(8), 515.

Planck, M. (1901). Ueber das Gesetz der Energieverteilung im Normalspectrum. *Annals of Physics, 309*(3), 553–563.

Planck, M. (1912). Über neuere thermodynamische Theorien. (Nernstsches Wärmetheorem und Quanten-Hypothese.). *Berichte der Deutschen Chemischen Gesellschaft, 45*(1), 5–23.

Plenio, M. B., & Vitelli, V. (2001). The physics of forgetting: Landauer's erasure principle and information theory. *Contemporary Physics, 42*(1), 25–60.

Poisson, S.-D. (1823). Sur la Chaleur des Gaz et des vapeurs. *Annales de chimie et de physique, 23,* 337–352.

Raff, L. M. (2014). Spontaneity and Equilibrium: Why "Δ G < 0 Denotes a Spontaneous Process" and "Δ G = 0 Means the System Is at Equilibrium" Are Incorrect. *Journal of Chemical Education, 91*(3), 386–395.

Redlich, O. (1970). So-called zeroth law of thermodynamics. *Journal of Chemical Education, 47*(11), 740.

Savage, P. E., Gopalan, S., Mizan, T. I., Martino, C. J., & Brock, E. E. (1995). Reactions at supercritical conditions: Applications and fundamentals. *AIChE Journal, 41*(7), 1723–1778.

Schwabl, F. (2006). *Statistische Mechanik.* Berlin: Springer-Lehrbuch.

Scott Oakes, R., Clifford, A. A., Bartle, K. D., Pett, M. T., & Rayner, C. M. (1999). Sulfur oxidation in supercritical carbon dioxide: Dramatic pressure dependant enhancement of diastereoselectivity for sulfoxidation of cysteine derivatives. *Chemical Communication, 3,* 247–248.

Shomate, C. H. (1954). A method for evaluating and correlating thermodynamic data. *Journal of Physical Chemistry, 58*(4), 368–372.

Smith, R. D., Wright, B. W., & Yonker, C. R. (1988). Supercritical fluid chromatography: Current status and prognosis. *Analytical Chemistry, 60*(23), 1323A–1336A.

Southall, N. T., Dill, K. A., & Haymet, A. D. J. (2002). A view of the hydrophobic effect. *Journal of Physical Chemistry B, 106*(3), 521–533.

Spencer, J. N., & Holmboe, E. S. (1983). Entropy and unavailable energy. *Journal of Chemical Education, 60*(12), 1018.

Styer, D. F. (2000). Insight into entropy. *American Journal of Physics, 68*(12), 1090.

Styer, D. F. (2008). Entropy and evolution. *American Journal of Physics, 76*(11), 1031.

Thiesen, M. (1885). Untersuchungen über die Zustandsgleichung. *Annals of Physics, 260*(3), 467–492.

Vidrighin, M. D., Dahlsten, O., Barbieri, M., Kim, M. S., Vedral, V., & Walmsley, I. A. (2016). Photonic Maxwell's demon. *Physical Review Letters*, *116*(5), 050401.

Visser, S. P. de (2011). van der Waals equation of state revisited: Importance of the dispersion correction. *The Journal of Physical Chemistry B*, *115*(16), 4709–4717.

Waals, J. D. van der. (1873). *Over de continuiteit van den Gas- en Vloeistoftoestand*. Dissertation, Universität Leiden.

Wedler, G., & Freud, H.-J. (2012). *Lehrbuch der Physikalischen Chemie* (6. Aufl.). Weinheim: WILEY-VCH.

Wilhoit, R. C. (1967). Recent developments in calorimetry. Part 1. Introductory survey of calorimetry. *Journal of Chemical Education*, *44*(7), A571.

Zosel, K. (1978). Separation with supercritical gases: Practical applications. *Angewandte Chemie International Edition*, *17*(10), 702–709.

Printed in the United States
By Bookmasters